VOLKER DIERSCHKE

Basic

Vögel

**153
ARTEN**
einfach
und sicher
erkennen

—

KOSMOS

Schnell zur richtigen Art mit dem
KOSMOS-FARBCODE

MIT DEM KOSMOS-FARBCODE findest du dich ganz leicht in diesem Naturführer zurecht. Zwar zeigt sich in der Vogelwelt eine Vielfalt von Farben, Formen und Größen, doch hilft dir der KOSMOS-FARBCODE bei der Bestimmung auf den richtigen Weg. Jede Farbe steht für eine Gruppe vom Typus her ähnlicher Vogelarten. Eine weitere Unterteilung der Gruppen zu Beginn jeder Farbe unterstützt dich erneut bei der richtigen Bestimmung, denn nun musst du in den Untergruppen nur noch wenige Arten vergleichen. Die Beschriftungen in den Bildern weisen dich dabei auf die wichtigsten Merkmale hin. Achte außerdem auf die Beschreibung der Lautäußerungen, aber auch das im Text geschilderte Verhalten bei der Nahrungssuche und der Brut kann aufschlussreich sein.

SEITE 6 BIS 25
Wasservögel

Zusammengefasst sind hier meist mittelgroße bis große Vögel, die sich überwiegend an Gewässern aufhalten. Oft schwimmen sie dort oder sitzen am Ufer. Vor allem Schwäne und Gänse suchen aber häufig auch an Land Nahrung.

Füße mit Schwimmhäuten

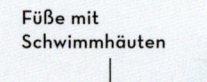

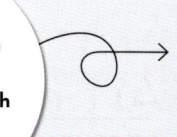

KURZINFO
Der Farbbalken hilft bei der Navigation durch das Buch.

→ Die meisten Wasservögel haben Schwimmhäute zwischen den Zehen. Einige Arten leben fast ganzjährig auf dem Meer und kommen nur zum Brüten an Land.

SEITE 26 BIS 39

Watvögel

Am Gewässerufer, aber auch auf Feldern und Wiesen sind Watvögel zu beobachten, die sich grazil bewegen und je nach Spezialisierung sehr unterschiedlich lange Beine und Schnäbel haben.
→ Zu den Watvögeln gehören auch die Möwen, die überwiegend weiß gefärbt sind und oft im Schwarm auftreten, sowie Seeschwalben, die durch Sturzflüge ins Wasser kleine Fische erbeuten.

langer Schnabel zur Nahrungssuche

SEITE 40 BIS 45

Hühner- und Schreitvögel

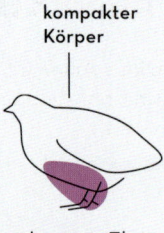

kurze Beine, kompakter Körper

Diese Vögel halten sich viel am Boden auf, um dort Nahrung zu suchen, oft auf freiem Feld. Davon abgesehen unterscheiden sie sich deutlich.

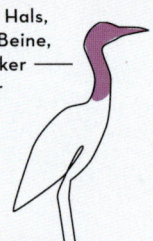

langer Hals, lange Beine, schlanker Körper

→ Hühnervögel schleichen bei Gefahr in schützende Vegetation oder fliegen mit lautem Flügelschlag davon. Zum Aufpicken von Körnern haben sie kurze Schnäbel.

→ Schreitvögel haben von den einheimischen Vögeln die längsten Beine und sind auch sonst recht groß. Hals und Schnabel sind lang. Zu finden sind sie überall in der offenen Landschaft, auch an Gewässern.

SEITE 46 BIS 57

Eulen und Greifvögel

große, nach vorn gerichtete Augen

Den nachts jagenden Eulen und tagsüber aktiven Greifvögeln ist ein kurzer, kräftiger Hakenschnabel zum Aufreißen ihrer Beute gemein. Zudem haben sie kräftige Beine mit scharfen Krallen an den Zehen. Bei allen überwiegen im Gefieder Braun- und Grautöne, die eine gute Tarnung garantieren.

Hakenschnabel und kräftige Beine

→ Eulen haben große Augen, ihre Beute orten sie nachts aber mit ihren besonders großen und empfindlichen Ohren, die unter dem Gefieder des Kopfs verborgen sind.

→ Den Greifvögeln erlauben die scharfen Augen, aus großer Höhe auf die Beute herabzustoßen.

SEITE 58 BIS 65

Tauben bis Spechte

Diese Arten leben oft sehr ähnlich wie Singvögel, sind aber etwas größer und nicht mit ihnen verwandt.

→ In dieser Gruppe findest du die an Bäumen kletternden und trommelnden Spechte, aber auch die bei uns sehr häufigen, etwas plump wirkenden Tauben.

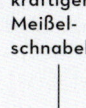

kräftiger
Meißel-
schnabel

→ Hinzu kommen einige unverwechselbare »Individualisten« wie der bunte Eisvogel, der Wiedehopf mit seiner Federhaube auf dem Kopf und der stets fliegende Mauersegler.

plumper
Körperbau

SEITE 66 BIS 120

Singvögel

Die meisten Singvögel sind recht klein, also etwa so groß wie Meise oder Amsel, und sie haben kurze Beine. Auch die Schnäbel sind kurz, variieren aber stark in der Form – dick bei Körnerfressern, schmal bei Insektenfressern. Das Gefieder ist oft schlicht grau oder braun, mitunter aber auch sehr bunt. Männchen sind meist auffälliger gefärbt als Weibchen.

→ Bei vielen Arten lassen die Männchen einen melodiösen Gesang erklingen. Er dient zum einen dem Anlocken der Weibchen, zum anderen der Abgrenzung des Brutreviers. Eine Ausnahme unter den Singvögeln bilden die Krähenvögel: Sie sind deutlich größer als ihre Verwandten, und ihre Lautäußerungen klingen für unser Ohr weniger angenehm.

kleine Vögel mit
kurzen Beinen

WASSERVÖGEL
<u>schneller bestimmen</u>

In dieser Gruppe findest du Vögel, die sich meist am oder auf dem Wasser aufhalten.

<u>**Oft schwimmen sie, sie sind aber auch an Land und am Ufer auf Nahrungssuche.**</u>

Diese Vögel bilden häufig größere Ansammlungen und Schwärme.

AB SEITE 7
Entenvögel

Eher plumpe Wasservögel mit relativ kurzen Beinen, Schwimmhäuten zwischen den Zehen und kräftigem Schnabel.
→ Enten haben einen kurzen Hals, die Geschlechter sind unterschiedlich gefärbt. Gänse und Schwäne haben einen langem Hals und die Geschlechter sind gleich gefärbt.

AB SEITE 21
Andere Wasservögel

Hier findest du Vögel aus verschiedenen verwandtschaftlichen Gruppen. Mit Ausnahme des Blässhuhns sind sie schlanker oder länglicher geformt als Entenvögel, sie tauchen oft und sind teilweise nur am Meer zu beobachten.

orangeroter
Schnabel mit
schwarzem
Höcker

langer Hals

<u>Männchen</u>

Schnabelhöcker: beim →
Weibchen kleiner

Höckerschwan

Cygnus olor

Länge 140–160 cm

Stimme Nasales »uink«, gegenüber Feinden auch fauchendes »kchrr«. Im Flug erzeugt der Luftzug durch die Schwingen ein charakteristisches Pfeifen.

Nahrung Alle mit dem langen Hals erreichbaren Wasserpflanzen, an Land Gras sowie im Winter auf Feldern Raps und Wintergetreide.

Vorkommen Ganzjährig auf fast allen stehenden und fließenden Gewässern, v. a. im Winter auch auf Feldern und Wiesen.

→ TYPISCH An ihren großen, meist aus Schilfhalmen gebauten Nesthügeln sind Höckerschwäne sehr aggressiv. Sie verteidigen ihren Brutplatz bzw. den Nachwuchs nicht nur gegen in ihr Revier eindringende Artgenossen, sondern auch gegen andere Wasservögel und sogar gegen Menschen recht heftig. Andererseits können sie an Parkgewässern recht zutraulich sein und sich füttern lassen.

Schnabel gelb mit schwarzer Spitze

kurzer Schwanz (beim Höckerschwan länger)

langer Hals

Im Flug lang aus-gestreckter Hals

Singschwan

Cygnus cygnus

Länge 140–160 cm
Stimme Laute, heulende Rufe »uuug«, auch mehrsilbig »ug-uuug«. Im Gegensatz zum Höckerschwan kein Flügelpfeifen.
Nahrung Frisst in Gewässern Wasserpflanzen, an Land v. a. Gras, Wintergetreide und Raps.
Vorkommen Wintergast v. a. in der Nordhälfte Deutsch-lands. Rast und Nahrungssuche an größeren Gewässern, aber auch auf Feldern und Wiesen.

TYPISCH Fliegende wie rastende Singschwäne machen schon auf große Entfernung durch ihre lauten Rufe auf sich aufmerksam. Noch im Winterquartier werden Jungvögel von ihren Eltern be-gleitet, sodass der Anteil von Jungvögeln in Rastansammlungen auf den Bruterfolg in Skandinavien und Osteuropa hinweist. Ge-legentlich sind unter Singschwänen die fast identisch aussehen-den, aber deutlich kleineren Zwergschwäne zu sehen.

❶ Brandgans
Tadorna tadorna

STECKBRIEF 55–65 cm • Großer, bunter Entenvogel, Grund-farbe weiß, Kopf und Flügel dunkelgrün, Brustband rostbraun, Schnabel kräftig rot • Brütet v. a. in Bodenhöhlen an der Küs-te, im Binnenland auch in Baumhöhlen • Brutvögel aus Süd- und Westeuropa sammeln sich zum Mausern im Wattenmeer.

❷ Ringelgans
Branta bernicla

STECKBRIEF 55–62 cm • Kleine Gans mit schwarzem Hals, dunkelgrauem Rücken und weißem Hinterende • Ruft tief und rau »rott-rott-rott« • Brütet in der nordsibirischen Tundra, überwintert auf Salzwiesen an der südlichen Nordsee • Vor al-lem von März bis Mai in großen Schwärmen im Wattenmeer.

① **Blässgans**
Anser albifrons

STECKBRIEF 64–78 cm • Relativ kleine graue Gans mit weißer Stirn und dunkler Bauchstreifung • Hohe, bellende Rufe • Brutvogel der sibirischen Tundra; Überwinterung auf Äckern und Wiesen im nördlichen Mitteleuropa • Abends Anflug in großen Scharen zu Schlafgewässern.

② **Saatgans**
Anser fabalis

STECKBRIEF 69–88 cm • Mittelgroße graue Gans mit relativ bräunlichem Gefieder und dunklem Kopf • Nasale, zwei- bis dreisilbige Rufe • Brutgebiet Nordskandinavien und Nordsibirien, Winterquartier im nördlichen Mitteleuropa • Ernährt sich auf Feldern von grünen Pflanzenteilen und Getreideresten.

Gefieder recht einheitlich grau
(nur Unterschwanz weiß)

Schnabel kräftig,
orange

Küken anfangs gelb

Im Flug kompakte Gestalt, Hals
lang ausgestreckt →

Graugans

Anser anser

Länge 74–84 cm
Stimme Ruft meist dreisilbig und etwas rau »ang-ang-ang«.
Nahrung Grüne Teile und Wurzeln von Land- und Wasserpflanzen, v. a. Gras. Besonders auf abgeernteten Feldern
auch Getreidekörner.
Vorkommen Ganzjährig, brütet in der Nähe – aber nicht
immer unmittelbar – von Gewässern aller Art, auch in Parkanlagen. Nahrungssuche zumeist auf Feldern und Wiesen.

→ **TYPISCH** In Mitteleuropa gehören Graugänse zu den frühes-
ten Brutvögeln. Sie nisten entweder am Boden, aber auch in
Bäumen und in Städten sogar auf Dachterrassen und Balkonen.
Von dort springen die Küken sofort nach dem Schlüpfen (im April)
hinunter und werden von beiden Elternteilen zum nächsten
Gewässer geführt. Oft tun sich dort mehrere Paare mit ihrem
Nachwuchs zu großen Verbänden zusammen.

① Kanadagans
Branta canadensis

STECKBRIEF 90–100 cm • Große Gans mit langem, schwarzem Hals und weißen Kopfseiten • Ruft laut trompetend »a-honk« • Heimat Nordamerika, aber in Europa eingebürgert und inzwischen als Brutvogel weit verbreitet • Brütet an Seen und Parkgewässern. Nahrungssuche auch auf Feldern und Wiesen.

② Weißwangengans
Branta leucopsis

STECKBRIEF 58–70 cm • Mittelgroße Gans, gedrungene Gestalt, schwarzer Hals, weißes Gesicht • Ruft hell »grrak« • Brütet im nördlichen Ostseeraum und in Sibirien, Wintergast in Mitteleuropa, v. a. in Küstennähe • Ernährt sich von grünen Pflanzenteilen v. a. in Salzwiesen, aber auch auf Feldern.

grüner Kopf mit gelbem Schnabel

Männchen

Brust braun

Beine orange

Weibchen braun mit orange-
farbenem Schnabel →

Stockente
Anas platyrhynchos

Länge 50–60 cm
Stimme Verschiedene quakende und pfeifende Laute.
Nahrung Sehr vielseitig: Blätter, Samen und Wurzeln von
Land- und Wasserpflanzen, Insekten, kleine Krebse, Laich
und Kaulquappen von Amphibien, an Fütterungen auch
Brot.
Vorkommen Brut- und Gastvogel an Gewässern aller Art,
von der Meeresküste bis zum Gartenteich. In nahezu allen
Parkanlagen anzutreffen.

TYPISCH Die Stockente ist nicht nur die häufigste der
heimischen Entenarten, sondern auch die Stammform unserer
Hausenten. An Parkgewässern sind Nachkommen aus Mischbruten mit Hausenten zu sehen, erkennbar an weißen Gefiederpartien. Die Weibchen brüten in Nestern, die gut unter Pflanzen
versteckt sind, meist am Boden, aber auch auf Kopfweiden.

❶ Krickente
Anas crecca

STECKBRIEF 34–38 cm • Kleinste europäische Ente mit grünem Flügelspiegel; Männchen grau, Kopf kastanienbraun mit grün schillerndem Seitenfleck, gelber Fleck am Hinterende; Weibchen graubraun • Ruft hell »krrück« • Seltener Brutvogel an Gewässern aller Art, als Wintergast deutlich häufiger.

❷ Pfeifente
Mareca penelope

STECKBRIEF 42–50 cm • Männchen bunt, rotbrauner Kopf, gelbe Stirn, rosa Brust, grauer Rücken; Weibchen rotbraun, weißer Bauch • Ruft laut abfallenden Pfeifton • Brütet in Nordeurasien; überwintert bei uns an Binnengewässern und Küsten • Bevorzugt Salzgrasland und nasse Wiesen.

Kopf dunkelgrün
mit hellem Auge

langer, breiter
Schnabel

Brust weiß

Männchen

Flanke orange

Weibchen unscheinbar, aber ebenfalls →
mit »Löffelschnabel«

Löffelente

Spatula clypeata

Länge 44–52 cm
Stimme Bei der Balz raue Rufe, sonst wenig stimmfreudig.
Nahrung Wasserpflanzen und deren Samen, Krebstierchen,
Schnecken und Wasserinsekten.
Vorkommen In Mitteleuropa seltener Brutvogel und häufiger
Durchzügler aus Nord- und Osteuropa. Bevorzugt Flach-
wasserbereiche und Überschwemmungsflächen.

→ **TYPISCH** Mit ihrem hoch entwickelten Seihapparat im
löffelförmigen Schnabel filtern Löffelenten ihre Nahrung (kleine
Wassertiere und Wasserpflanzen) aus der obersten Wasser-
schicht heraus. Dabei »liegen« sie scheinbar lang gestreckt auf
der Wasseroberfläche. Häufig »gründeln« sie aber auch, wobei
dann nur das senkrecht nach oben gestreckte Hinterteil aus dem
Wasser ragt.

Männchen

Kopf rostbraun

Oberseite hellgrau

Brust schwärzlich

Weibchen grau-braun →

Tafelente

Aythya ferina

Länge 42–49 cm
Stimme Nur bei der Balz kurze Laute, sonst meist stumm.
Nahrung Auf Tauchgängen werden Muscheln, Insektenlarven und Wasserpflanzen erbeutet.
Vorkommen In Mitteleuropa spärlicher Brutvogel an Seen
und Teichen; im Winter starker Zuzug aus Osteuropa,
dann häufig in Trupps auf Seen und größeren Flüssen anzutreffen.

→ **TYPISCH** Tafelenten bevorzugen zum Tauchen Gewässer,
die nicht mehr als 2 m tief sind. Da sie ihre Beute mit dem Schnabel am Gewässergrund ertasten, benötigen sie kein Tageslicht
und können auch nachts der Nahrungssuche nachgehen. Daher
sieht man sie am Tag oft mit in das Rückengefieder eingesteck-
tem Kopf ruhen.

schwarzer Kopf mit gelbem Auge

Federschopf

Männchen

Brust und Rücken schwarz

Flanken weiß

Weibchen braun, Schopf nur angedeutet →

Reiherente

Aythya fuligula

Länge 40–47 cm
Stimme Wenig ruffreudig, nur bei der Balz verschiedene kurze Laute.
Nahrung Taucht in erster Linie nach Muscheln, besonders im Sommer werden aber auch Pflanzenteile und Wasser-insekten aufgenommen.
Vorkommen In Mitteleuropa mittelhäufiger Brutvogel und durch Zuzug aus Nord- und Osteuropa noch viel häufigerer Wintergast auf Gewässern aller Art.

→ TYPISCH **Mit dem gedrungenen Körper und abgerundeten Hinterende sind Reiherenten gut an das Tauchen nach Nahrung angepasst. Weil sie insbesondere Muscheln am Gewässergrund ertasten, sind Reiherenten häufig nachtaktiv. Tagsüber rasten sie dagegen gern in großen Gruppen in geschützten Buchten und verdauen dort ihre Beute.**

Hals kürzer als bei Reiherente

Schnabel kurz, schwar

weißer Fleck vor dem gelben Auge

Männchen

Brust und Flanken weiß

Auch beim braunen Weibchen auffällig: das gelbe Auge →

Schellente

Bucephala clangula

Länge 40–48 cm
Stimme Bei der Balz rau »gwäää«. Klingelndes Flügelschlag-
geräusch, aufgrund dessen die Art ihren Namen trägt.
Nahrung Taucht nach Muscheln, Insektenlarven und Krebs-
tierchen.
Vorkommen Brütet an Binnengewässern Norddeutschlands
sowie in Nord- und Osteuropa; überwintert an größeren
Binnengewässern und an der Ostseeküste.

→ **TYPISCH** Schellenten brüten in Baumhöhlen. Unmittelbar
nach dem Schlüpfen werden die Küken von der stets alleinerzie-
henden Mutter zum nächsten Gewässer geführt. Anders als Reiherenten orten Schellenten ihre Beute unter Wasser optisch und
ergreifen sie dann mit ihrem Pinzettenschnabel. Daher sind sie
ausschließlich tagaktiv und sammeln sich abends an Schlafplätzen.

dreieckiges Kopf-/
Schnabel-Profil

Hinterkopf grünlich

Hals und Rücken weiß

Männchen

Weibchen: überwiegend
braun gefärbt →

Eiderente
Somateria mollissima

Länge 60–70 cm
Stimme Männchen bei der Balz nasal jaulend »a-huui«, bei
Weibchen tiefes Gackern.
Nahrung Taucht nach verschiedenen Meerestieren, v. a.
nach Muscheln und Krebsen.
Vorkommen Häufiger Jahresvogel an Nord- und Ostsee-
küste, aber nur stellenweise brütend. Vor allem im Herbst
fliegen einige Vögel ins Binnenland ein.

→ **TYPISCH** Eiderenten ernähren sich überwiegend von Mies-
muscheln, die sie vollständig samt der Schale verschlingen und in
ihrem kräftigen Muskelmagen knacken. Von Krebsen werden nach
und nach die Beine abgeschüttelt, bis sie eine Größe haben, die
der Vogel verschlucken kann. Die zum Nestbau benutzten Federn
werden in nordeuropäischen Ländern als Eiderdaunen wirtschaft-
lich genutzt.

❶ Gänsesäger

Mergus merganser

58–68 cm • Große, taucherähnliche Ente; Männchen weiß, Kopf dunkelgrün, Schnabel rot; Weibchen grau mit weißer Brust und braunem Kopf • Brutvogel an Seen und Flüssen Nord- und Osteuropas, selten an der Ostseeküste und im Alpenraum • Nistet in Baumhöhlen • Frisst kleine Fische.

❷ Mittelsäger

Mergus serrator

52–58 cm • Männchen mit grünlich schwarzem Kopf, brauner Brust und schwarz-weißen Flügeln; Weibchen grau mit braunem Kopf • Brutvogel an Küstengewässern, in Nordeuropa auch an Binnengewässern. Im Winter an der Ostseeküste • Fängt mit seinem »Sägeschnabel« v. a. Stichlinge.

langer Hakenschnabel

zwischen Auge und Schnabel nackt, gelb

gesamtes Gefieder schwarz mit metallischem Glanz

Schlichtkleid

Trocknet nach Tauchgängen die Flügel →

Kormoran

Phalacrocorax carbo

Länge 77–94 cm
Stimme An Brut- und Schlafplätzen lautes Gackern in tiefer Tonlage.
Nahrung Ernährt sich ganz überwiegend von Fischen, vorzugsweise von 10–20 cm Länge. Am Meer auch Krebse.
Vorkommen Brütet in großen Kolonien auf Bäumen an Gewässern. Ganzjährig an Gewässern aller Art, besonders häufig an Meeresküsten und größeren Binnengewässern.

→ TYPISCH **Kormorane erbeuten Fische im Tauchen. Gern jagen sie gemeinschaftlich und treiben in großen Gruppen Fischschwärme vor sich her. Weil sie ihr Gefieder nicht wie andere Wasservögel mit Bürzelfett imprägnieren können, trocknen sie sich nach dem Tauchen in typischer Haltung mit ausgebreiteten Flügeln, z. B. auf Bäumen oder Sandbänken. Auf dem abendlichen Weg zu den Schlafplätzen und auf dem Zug fliegen sie oft in gänseartigen Formationen.**

Schnabel und Stirnschild weiß

Gefieder gräulich schwarz

Kräftige Beine mit lappig verbreiterten Zehen →

Blässhuhn

Fulica atra

Länge 36–42 cm
Stimme Ruft laut »tück« oder »trück«.
Nahrung Sehr vielseitig, frisst v. a. Wasserpflanzen, Wasserinsekten und Muscheln, aber auch kleine Krebstiere und Fische.
Vorkommen In Mitteleuropa häufiger Brutvogel und noch viel zahlreicher Wintergast an langsam fließenden und stehenden Gewässern, seltener jedoch an der Meeresküste.

TYPISCH Weil Blässhühner keine richtigen Schwimmhäute, sondern nur lappig verbreiterte Zehen haben, schwimmen sie ruckartig und holen mit dem Hals Schwung. Sie bauen ihre umfangreichen Nester oft auf der Wasseroberfläche nahe der schützenden Ufervegetation. Ihre Nahrung picken sie entweder von der Wasseroberfläche auf oder tauchen nach ihr, aber auch an Land sind sie mitunter beim Fressen zu sehen.

Stirnschild rot

weiße Seitenlinie

Unterschwanz weiß

grüne Beine mit langen Zehen

Schnabel rot-gelb →

Teichhuhn

Gallinula chloropus

Länge 27–31 cm
Stimme Ruft gurgelnd »gurrrk«, aber auch verschiedene kurze, scharfe Rufe.
Nahrung Frisst zum einen Wasserpflanzen und Grasspitzen, zum anderen verschiedene kleine Wassertiere.
Vorkommen Jahresvogel in der Westhälfte und Zugvogel in der Osthälfte Europas. Bewohnt schilf- und gebüschbestandene Seen und Flüsse, aber auch kleinere Parkgewässer und Teiche.

→ **TYPISCH** Mit ihren langen Zehen sind Teichhühner geschickte Kletterer im Schilf und Ufergebüsch, beim Schwimmen wirken sie dagegen unbeholfen und bewegen sich noch ruckartiger fort als Blässhühner. Die Jungvögel werden anfangs im Nest gefüttert, das gut versteckt im Uferbewuchs gebaut wird. Nach ein paar Tagen werden sie von den Eltern im Brutrevier herumgeführt und müssen selbst Nahrung finden.

➊ Zwergtaucher

Tachybaptus ruficollis

STECKBRIEF 23–29 cm • Kleiner Tauchvogel mit kurzem, dickem Schnabel; Prachtkleid: schwarz, brauner Hals, gelber Fleck am Schnabelansatz; Schlichtkleid: blassbraun, dunkle Oberseite und Kopfplatte • Brütet an kleinen Gewässern, im Winter auch auf Flüssen • Am Brutplatz im Duett trillernd.

➋ Haubentaucher

Podiceps cristatus

STECKBRIEF 46–51 cm • Langhalsiger Taucher; Brutkleid: schwarz-braune Federhaube; Schlichtkleid: unscheinbar, schwarze Kopfkappe • Brütet im Uferbewuchs an größeren Seen. Außerhalb der Brutzeit auch an der Küste • Auffällige Balz mit Kopfschütteln und Präsentieren von Pflanzenmaterial.

3

Basstölpel
Morus bassanus

STECKBRIEF 85–97 cm • Größter Seevogel im Nordatlantik; Altvögel weiß mit schwarzen Flügelspitzen, gelbem Kopf und dolchartigem Schnabel • Lebt die meiste Zeit auf offener See, brütet in wenigen großen Kolonien an Felsküsten; in Deutschland nur auf Helgoland • Erbeutet Fische durch Stoßtauchen.

4

Trottellumme
Uria aalge

STECKBRIEF 38–46 cm • Oberseite schwärzlich braun, Schnabel und Hals lang • Hochseevogel, der an steilen Felsküsten brütet, in Deutschland nur auf Helgoland • Nur 2 Wochen alt, springen die noch nicht flugfähigen Jungen von den Klippen und werden von den Eltern auf das Meer geführt.

WATVÖGEL
schneller bestimmen

In dieser Gruppe werden Vögel behandelt, die oft in Feuchtgebieten und am Meer leben, aber auch auf Feldern und Wiesen Nahrung suchen.

Zum einen findest du hier die langbeinigen Schnepfen und Regenpfeifer, zum anderen die überwiegend weiß gefärbten Möwen und Seeschwalben.

AB SEITE 27
Schnepfen, Regenpfeifer und Ähnliche

Lange Beine und lange Schnäbel erlauben Waten im Flachwasser und tiefes Stochern im Schlamm. Arten mit kürzeren Schnäbeln picken Nahrung von der Oberfläche.
→ Die Vögel leben oft in großen Schwärmen.

AB SEITE 35
Möwen und Seeschwalben

Überwiegend weiße Vögel mit kurzem Schnabel und Schwimmhäuten zwischen den Zehen. Bei der Nahrungssuche oft in Schwärmen, Möwen auch auf Wiesen und Feldern.
→ Seeschwalben erbeuten Nahrung durch Sturztauchen in Gewässer.

auffällige Federhaube (»Holle«)

Oberseite mit metallischem Glanz

schwarze Brust

Typisch: sehr breite Flügel, im Frühjahr akrobatische Balzflüge $\longrightarrow$

Kiebitz

Vanellus vanellus

Länge 28–31 cm
Stimme Beim Balzflug explosives »tjuuu-witt-witt«. Andere Rufe heiser »kwiiieh« oder nasal »gwä-riih«.
Nahrung Vor allem Insekten (Heuschrecken, Käfer, Larven) und Regenwürmer, gelegentlich auch Pflanzensamen.
Vorkommen Bewohnt Wiesen und Äcker, ist aber auch an Gewässern zu finden. Überwinterung größtenteils in West- und Südwesteuropa.

TYPISCH In Mitteleuropa können Kiebitze häufig nur noch auf intensiv landwirtschaftlich genutzten Flächen brüten. Gelege und Küken sind dort nicht nur durch den Maschineneinsatz, son- dern auch durch Füchse und andere Raubsäugetiere bedroht. Der Brutbestand hat dadurch sehr stark abgenommen. Die großen Schwärme, die zur Zugzeit v. a. auf abgeernteten Feldern zu sehen sind, stammen zumeist aus anderen Teilen Europas.

gelber Augenring

weißer Stirnfleck

schmales, schwarzes Halsband

Beine fleischfarben

Jungvogel: Kopfzeichnung kontrastarm bräunlich →

Flussregenpfeifer

Charadrius dubius

Länge 16–18 cm
Stimme Ruft abfallend »piu«, oft Rufreihen wie »ti-ti-ti-ti-ti« oder beim Balzflug heiser »griä-griä-griä«.
Nahrung Insekten, Spinnen, an Gewässern auch kleine Krebse, Schnecken und Würmer.
Vorkommen Brütet auf Kiesbänken und Schlammflächen von Flüssen, an Kiesgruben und anderen künstlichen Gewässern; überwintert in Afrika.

→ TYPISCH Die 4 Eier werden zwischen Kieselsteine in eine kleine Mulde gelegt und sind extrem gut getarnt. Als Ersatz für Schotterflächen an natürlichen Gewässern und Baggerseen benutzen Flussregenpfeifer mitunter mit Kies bedeckte Flachdächer. Von dort werden Nahrungsflüge gestartet, die in bis zu 5 km Entfernung führen. Im Brustgefieder kann auch Wasser transportiert werden.

❶ Austernfischer

Haematopus ostralegus

STECKBRIEF 39–44 cm • Schwarz-weißes Gefieder, leuchtend roter Schnabel, rosa Beine • Sehr stimmfreudig, Rufreihen bei Balz mit Triller endend, im Flug »kiewiep« • Häufiger
Brutvogel an Meeresküsten, auch stromaufwärts im Binnenland; überwintert in großen Schwärmen im Wattenmeer.

❷ Säbelschnäbler

Recurvirostra avosetta

STECKBRIEF 42–46 cm • Lange bläuliche Beine, Schnabel
aufwärts gebogen, Gefieder schwarz-weiß • Brütet an flachen
Meeresküsten, v. a. an Lagunen; überwintert am Atlantik von
Frankreich bis Westafrika • Zieht bei der Nahrungssuche den
Schnabel seitlich durch Flachwasser oder Schlick hin und her.

langer, gerader Schnabel

Hals und Brust rostbraun

Unterseite gebändert

Überragen im Flug deutlich den Schwanz: die langen Beine →

Uferschnepfe

Limosa limosa

Länge 37–42 cm
Stimme Beim Balzflug laut und klar »gritta-gritta-gritta«, ferner nasal »witte-witte-witte«.
Nahrung Frisst v. a. Regenwürmer, Käfer und Schnecken, besonders im Winter auch Pflanzensamen.
Vorkommen Brütet in Feuchtwiesen und Niedermooren Mittel- und Osteuropas; überwintert an den Küsten von Westeuropa bis Westafrika sowie in Reisfeldern im Binnenland Westafrikas.

TYPISCH Zur Brutzeit zeigen Uferschnepfen ausgedehnte, von lauten Rufen begleitete Balzflüge. War dies einst typisch für viele Wiesengebiete, so ist die Art inzwischen aufgrund intensiver Landwirtschaft und Trockenlegung von Lebensräumen vielerorts verschwunden. Heute können Uferschnepfen fast nur noch in speziell für Wiesenvögel gepflegten Feuchtwiesen brüten.

Kopf, Hals und Oberseite braun gemustert

langer, gebogener Schnabel

Im Flug: keine Flügelbinde, weißer Rückenkeil →

Großer Brachvogel

Numenius arquata

Länge 48–57 cm
Stimme Melancholischer, flötender Gesang, der in Trillern endet; ansteigender Flugruf »tlü-ih«.
Nahrung Sehr vielseitig: an Land v. a. Regenwürmer, Käfer und Heuschrecken, im Watt in erster Linie Borstenwürmer und Muscheln.
Vorkommen Brütet in Mooren und Feuchtwiesen in der Nordhälfte Europas. Überwintert in Mittel-, West- und Südeuropa, meist in Küstennähe (besonders in Wattgebieten).

→ **TYPISCH** Während Brachvögel zur Brutzeit ausgiebig im Flug ihr Revier abgrenzen, sind sie auf dem Zug und im Winter sehr gesellig – sowohl bei der Nahrungssuche als auch abends bzw. bei Flut an Schlaf- und Ruheplätzen. Mit dem langen Schnabel können sie tief in den Schlamm eindringen, um Wattwürmer und Muscheln aus ihren Wohnröhren herausziehen.

① **Rotschenkel**

Tringa totanus

STECKBRIEF 24–27 cm • Braunes Gefieder, leuchtend rote Beine, schwarz-roter Schnabel • Ruft weich dreisilbig »tjü-dü-dü« • Brütet in feuchtem Grünland in Nord- und Osteuropa, in Mitteleuropa v. a. in Küstennähe. Überwintert an der Atlantik-küste vom Wattenmeer bis Westafrika (auch am Mittelmeer).

② **Flussuferläufer**

Actitis hypoleucos

STECKBRIEF 18–20 cm • Kleiner, braun-weißer Watvogel mit relativ kurzen Beinen • Hohe Rufe »hi-di-di« • Brütet an stei-nigen Flüssen, auf dem Durchzug an Gewässern aller Art; überwintert vom Mittelmeer bis Südafrika • Läuft mit fast ständig wippendem Hinterkörper am Ufer entlang.

Haube, Halskrause und Brust können zur Balzzeit die unterschiedlichsten Farben annehmen

Männchen Prachtkleid

Weibchen: unscheinbar braun gefärbt →

Kampfläufer

Calidris pugnax

Länge 22–32 cm
Stimme Selten zu hörende, leise Rufe.
Nahrung Frisst v. a. kleine Insekten und Schnecken, besonders im Winter Pflanzensamen (auch Reiskörner).
Vorkommen Brütet im nördlichen Europa und in Sibirien in Feuchtwiesen, Mooren und in der Tundra. Überwintert in Afrika und zieht durch ganz Europa, dort jeweils meist in Flachgewässern (auch Reisfeldern).

→ TYPISCH Zu Beginn der Brutzeit werben die Männchen um die Weibchen, indem sie mit aufgestellter Federhaube und aufgerichtetem Kragen in Balzarenen tanzen. Nach der Begattung sind die Weibchen alleinerziehend, denn während sie brüten und die Jungen aufziehen, befinden sich die Männchen längst wieder in Mausergebieten und entledigen sich ihrer prächtigen Federn.

1 Bekassine

Gallinago gallinago

STECKBRIEF 23–28 cm • Kurzbeinig, braun, sehr langer
Schnabel, helle Streifen an Kopf und Rücken • Flugruf nasal
»gwät« • Brütet in Feuchtwiesen und Mooren in der Nordhälfte Europas; im Winter von Norddeutschland bis zum Mittelmeer • Fliegt plötzlich auf und verschwindet im Zickzackflug

2 Alpenstrandläufer

Calidris alpina

STECKBRIEF 17–21 cm • Klein, graubraun, leicht gebogener
Schnabel; im Sommer schwarzer Bauch und rotbrauner Rücken • Brütet in Feuchtwiesen und in der Tundra in Nordeuropa • Nach der Brutzeit in gewaltigen Schwärmen im
Wattenmeer, im Winter vom Wattenmeer bis Westafrika.

Kopf schokoladenbraun

Prachtkleid

Beine rot

Herbst/Winter: Kopf weiß →
mit dunklem Ohrfleck

Lachmöwe

Chroicocephalus ridibundus

Länge 35–39 cm
Stimme Ruft rau lang gezogen »krrräääh«, auch kurz »kek-kek«.
Nahrung Frisst im Wasser v. a. Würmer, kleine Krebse und kleine Fische, an Land Regenwürmer und Insekten, jagt auch fliegende Insekten.
Vorkommen Brut- und Gastvogel an vielen binnenländischen Gewässern und an den Küsten, auch in Parkanlagen und selbst in Innenstädten.

→ TYPISCH **Lachmöwen brüten in großen Kolonien, meist auf Inseln. Bei der Nahrungssuche sind sie häufig in großen Ansammlungen anzutreffen, insbesondere wenn sie dem Pflug folgen, um aus dem frisch umgebrochenen Acker Würmer und andere Bodentiere zu sammeln. An der Küste fliegen sie hinter Fischkuttern und erhaschen den über Bord gehenden Beifang. In Parks sind sie zutraulich und lassen sich gern füttern.**

① Heringsmöwe

Larus fuscus

STECKBRIEF 48–56 cm • Große, relativ schlanke Möwe, Oberseite schwarz, Beine gelb • Ruft tiefer und nasaler als Silbermöwe • Häufiger Koloniebrüter entlang der europäischen Nordatlantikküste. Überwintert in Iberien und Nordwestafrika • Nahrungssuche auf dem Meer oder auf Feldern und Wiesen.

② Mantelmöwe

Larus marinus

STECKBRIEF 61–74 cm • Ähnlich Heringsmöwe, aber deutlich größer, Beine rosa, dicker Schnabel • Ruft tief und kehlig »kao« • Koloniebrüter an den Küsten Skandinaviens und Großbritanniens; Überwinterung von Nord- und Ostsee bis zur Biskaya • Weniger als andere Möwen im Binnenland.

❸ Sturmmöwe
Larus canus

STECKBRIEF 40–56 cm • Mittelgroße Möwe, Oberseite grau, Beine und Schnabel grünlich gelb, Auge dunkel • Ruft leicht nasal »kiää« • Brütet an Gewässern und auf Dächern; Nahrungssuche auf Felder und Wiesen sowie auf dem Meer • Frisst verschiedenste Kleintiere, an Land v. a. Regenwürmer.

❹ Silbermöwe
Larus argentatus

STECKBRIEF 54–60 cm • Groß, oben grau, Beine rosa, Schnabel gelb mit rotem Fleck, Auge gelblich • Bellende, miauende, wiehernde und jauchzende Rufe • Brütet an Gewässern, in Städten auf Dächern; Nahrungssuche auf Feldern, Wiesen und am Wasser • Frisst verschiedenste Beutetiere, auch Abfälle.

schwarzer Schnabel
mit gelber Spitze

obere Kopfhälfte
schwarz, Hinterkopf
»strubbelig«

kurze schwarze
Beine

Prachtkleid

Im Schlichtkleid überwiegend →
weißer Kopf

Brandseeschwalbe

Thalasseus sandvicensis

Länge 37–43 cm
Stimme Ruft hoch und schrill »kir-räck«, Betonung auf der zweiten Silbe.
Nahrung Ernährt sich von kleinen Fischen, die durch Stoßtauchen aus dem Flug heraus erbeutet werden.
Vorkommen Brütet in wenigen großen Kolonien an verschiedenen Küsten Europas, meist auf Sandinseln. Überwintert entlang der Küsten Südeuropas und Afrikas.

→ **TYPISCH** Brandseeschwalben brüten in ihren Kolonien sehr dicht gedrängt, oft mit mehreren Tausend Paaren und gern gemeinsam mit Lachmöwen. Diese stehlen ihnen oft die zur Balz oder zur Fütterung der Jungen herangebrachten Fische. Im Gegenzug profitieren Brandseeschwalben von der Abwehr ihrer Feinde durch die Möwen.

obere Kopfhälfte schwarz, ———
Hinterkopf »glatt«

roter Schnabel mit
schwarzer Spitze

Prachtkleid

kurze rote Beine

Hält im Rüttelflug Ausschau nach →
Beute im Wasser

Flussseeschwalbe

Sterna hirundo

Länge 34–37 cm
Stimme Ruft schrill klirrend »kriierrr«, oft zusammen mit
keckernden Lauten.
Nahrung Frisst kleine Fische, kleine Krebstiere und Borstenwürmer, die sie durch Stoßtauchen im Flug fängt.
Vorkommen Sommervogel, der entlang der Küsten Europas,
stellenweise auch im Binnenland (v. a. an Sand- und Kies-
ufern) in Kolonien brütet.

→ **TYPISCH** Die Flussseeschwalbe gehört zu den Arten mit den
weitesten Zugwegen, denn ihr Überwinterungsgebiet reicht bis
Südafrika. Noch weiter zieht die sehr ähnliche Küstenseeschwalbe,
die mitunter gemeinsam mit Flussseeschwalben brütet, aber einen
vollständig roten Schnabel, kürzere Beine und längere Schwanzspieße hat. Ihre Wanderungen führen von Nordeuropa über
Australien bis zur Antarktis.

HÜHNER- UND SCHREITVÖGEL
schneller bestimmen

Hier findest du Vögel, die am Boden leben und meist zu Fuß unterwegs sind.

Man unterscheidet die kleineren Hühnervögel und die größeren Schreitvögel.

Hühnervögel sind oft in der Vegetation versteckt, während Schreitvögel auf der Suche nach Beute durch Wiesen, Felder und flache Gewässer schreiten.

AB SEITE 41
Hühner-vögel

Eher kurzbeinige Vögel, die mit den Beinen schnell unterwegs sind, aber schwerfällig und mit lauten Flügelschlaggeräuschen fliegen.
→ Oft fallen sie durch laute, weit hörbare Rufe auf.

AB SEITE 43
Schreit-vögel

Auffällig am Boden, aber durch ihre Körpergröße auch im Flug eindrucksvoll.
→ Wichtig sind dabei die im Vergleich zu Greifvögeln weit über den Schwanz hinausragenden Beine und der lange Hals – bei Reihern ist der Hals aber meist S-förmig eingezogen.

Schwanz sehr lang

rote Kopf-
lappen

weißer
Halsring

Brust gold-
braun

Männchen

Weibchen tarnfarben braun,
ebenfalls sehr langschwänzig →

Fasan

Phasianus colchicus

Länge 55–90 cm (davon 20–45 cm Schwanz).
Stimme Männchen ruft laut »gröö-göck«, gefolgt von laut-
starkem Flügelschütteln.
Nahrung Ernährt sich v. a. von Pflanzensamen und Beeren,
frisst aber auch grüne Pflanzenteile sowie Insekten, Schne-
cken und Regenwürmer.
Vorkommen Ganzjährig in der offenen Agrarlandschaft mit
Hecken, Feldgehölzen oder Schilfbeständen.

TYPISCH Schon seit der Römerzeit wird der aus Asien
stammende Fasan in Europa zu Jagdzwecken ausgesetzt. Auch heute
noch gehen bei uns fast alle Fasane auf fortlaufende Auswilderungen
zurück. Männchen sind meist mit mehreren Weibchen liiert, von
denen jedes bis zu 12 Küken erbrüten kann. Die Nestflüchter können
bereits im Alter von 10 Tagen einige Meter fliegen, werden dann aber
noch weitere 10 Wochen vom Weibchen betreut.

① Rebhuhn

Perdix perdix

STECKBRIEF 28–32 cm • Grauer Hühnervogel mit orange-braunem Kopf, dunkelbraunem Bauchfleck und dunkelbrauner Flankenstreifung • Ruft rau »kirrräck« • Auf strukturreicher Agrarlandschaft und Brachen • Gelege mit 10–20 Eiern, Familienverbände bleiben bis in den Winter hinein zusammen.

② Wachtel

Coturnix coturnix

STECKBRIEF 16–18 cm • Winziger, heimlicher Hühnervogel, Gefieder hellbraun-dunkelbraun gestreift, Männchen mit schwarzer Kehle • Fällt v. a. durch weit schallende Rufe »pick-werick« auf • Bewohnt v. a. Getreidefelder und Brachen; überwintert in Afrika • Ruft beim nächtlichen Zug auch über Städten.

Gefieder schwarz-weiß

langer roter — Schnabel

lange rote Beine —

Im Flug gestreckter Hals, →
Flügel schwarz-weiß

Weißstorch

Ciconia ciconia

Länge 95–110 cm
Stimme Bei der Partnerbegrüßung langes Schnabelklappern, sonst allenfalls leise zischende Rufe.
Nahrung Erbeutet v. a. Mäuse und große Insekten wie Heuschrecken, aber auch Frösche, Regenwürmer und Aas.
Vorkommen Brütet meist in Dörfern und einzelnen Gehöften, Nahrungssuche auf Feldern und Wiesen. Überwintert teils in Spanien und Nordwestafrika, teils in Ost- und Südafrika.

TYPISCH **Mit seinen Nestern auf Dächern oder Pfählen prägt der Weißstorch das Bild vieler Dörfer. Dazu gehört das Schnabelklappern, das der Paarbindung dient, aber auch zu hören ist, wenn »fremde« Störche sich dem Nest nähern. Bei der Nahrungssuche folgen Störche gern dem Pflug oder dem Mähbalken, weil dort die Beutetiere leicht erreichbar sind. Oft kommt es in solchen Situationen zu größeren Ansammlungen von Störchen.**

43

schwarzer Streif vom Auge zum Nacken

kräftiger, gelblicher Schnabel

langer, grauer Hals mit schwarzen Stricheln

lange Beine

Fliegt mit eingezogenem Hals, Beine ragen über den Schwanz hinaus →

Graureiher

Ardea cinerea

Länge 84–102 cm
Stimme Ruft heiser und lang gezogen »rrrräck«, am Brutplatz auch tiefe gackernde und gurgelnde Laute.
Nahrung An Land in erster Linie Mäuse, Amphibien und Insekten, im Wasser v. a. Fische, aber auch Amphibien.
Vorkommen Koloniebrüter in Bäumen von kleineren Gehölzern oder Auwäldern, seltener im Schilf. Nahrungssuche ganzjährig auf Feldern, Wiesen und an Gewässern.

→ **TYPISCH** Graureiher brüten in Kolonien, von denen aus sie bis zu 40 km entfernte Nahrungsgebiete anfliegen. Zu erkennen sind sie im Flug stets an ihrem S-förmig eingezogenen Hals, den sehr breiten Flügeln und den über den Schwanz hinausragenden Beinen. Bei der Jagd nach Kleintieren und Fischen bewegen sie sich sehr langsam, stoßen aber nach dem Entdecken eines Beutetiers blitzschnell mit dem dolchartigen Schnabel zu.

roter Scheitelfleck

Schnabel gelblich

Vorderhals schwarz

große Feder-
büschel am
Körperende

lange Beine

Fliegt mit gestrecktem Hals,
Beine weit nach hinten ragend →

Kranich

Grus grus

Länge 96–119 cm
Stimme Am Brutplatz lautes Trompeten. Im Flug weit hörbar »krrrü«, Jungvögel mit fiependen Rufen.
Nahrung Größere Pflanzensamen, auf Feldern gern Mais-
und Getreidekörner, auch Kartoffeln, Insekten, Regenwürmer und Mäuse.
Vorkommen Zur Brutzeit in Sumpfgebieten und Bruchwäldern,
sonst auf Wiesen und abgeernteten Feldern. Überwintert von
Mittel- bis Südeuropa, v. a. in Nord- und Ostafrika.

→ **TYPISCH** Zur Brutzeit verrät der Kranich seine Anwesenheit v. a.
durch seine laut trompetenden Balzrufe. Auf dem Zug und im Winter
erweist er sich als auffälliger Schwarmvogel, sowohl bei der Nahrungssuche als auch durch gewaltige Ansammlungen an Schlafplätzen. Die
lange Zeit stark gefährdete Art hat sich durch Schutzmaßnahmen gut
erholt und ist nun in vielen Gegenden allgegenwärtig.

EULEN UND GREIFVÖGEL
schneller bestimmen

AB SEITE 47
Eulen

V. a. in der Dämmerung und nachts aktiv. Flügel breit, rund endend. Kopf dick mit großen, nach vorn gerichteten Augen. Beine befiedert, kräftige Krallen.

In dieser Gruppe triffst du auf mittelgroße bis große Vögel, bei denen farblich die Brauntöne überwiegen.

Sie sind mit kräftigen Füßen und Schnäbeln für den Beutefang ausgestattet.

AB SEITE 50
Bussardartige

Kräftig gebaute, tagaktive Greifvögel, Flügel breit, am Ende gerundet. Relativ kleiner Kopf mit Hakenschnabel, Augen seitlich. Oft hoch am Himmel kreisend.

Man sieht diese Vögel beim Ansitz oder während ihrer Jagd im Flug.

AB SEITE 56
Falken

Schlanke Greifvögel mit spitzen, schmalen Flügeln und langem Schwanz. Wendiger, eleganter Flug. Runder Kopf mit recht kurzem Schnabel.

Oberseite grau und braun gemustert

Schwanz kurz

Unterflügel ohne auffällige Zeichnung

Auffälliges, herzförmiges Gesicht mit dunklen Augen →

Schleiereule

Tyto alba

Länge 33–39 cm
Stimme Lang gezogenes Kreischen, auch fauchende Rufe, beides nur nachts zu hören.
Nahrung Fast ausschließlich kleine Säugetiere, darunter v. a. Feldmäuse, aber auch andere Mäuse, Spitzmäuse und Ratten.
Vorkommen Jahresvogel in Dörfern, brütet in Dachböden, Scheunen und Kirchtürmen. Nahrungssuche zumeist auf umliegenden Feldern und Wiesen.

→ **TYPISCH** Die Bestände der Schleiereule können in Abhängigkeit vom Mäuseangebot stark schwanken. Gibt es viele Mäuse, brüten sie bis zu dreimal im Jahr mit Gelegen von bis zu 13 Eiern. Fehlen Mäuse, fällt die Brut mitunter ganz aus. In schneereichen Wintern verhungern viele Schleiereulen, weil ihre Beute unter dem Schnee nicht erreichbar ist. Leider werden Schleiereulen immer wieder Opfer des Straßenverkehrs.

braune Ober-
seite mit weißen
Tropfen

Iris gelb

Unterseite braun
gestreift

Natürliche Bruthöhle in altem Baum →

Steinkauz

Athene noctua

Länge 23–27 cm
Stimme Männchen singt kräftig »uuuh«, meist in lockerer
Reihe. Rufe scharf und leicht abfallend »kwiau«.
Nahrung Vielseitige Ernährung durch kleine Säugetiere und
Vögel, Reptilien, Amphibien, Regenwürmer und Insekten.
Vorkommen Ganzjährig in reich strukturierter, offener Land-
schaft mit vielen Wiesen und Weiden, gern in Streuobst-
wiesen.

→ TYPISCH Der Steinkauz brütet in Mitteleuropa meist in
Höhlungen von Kopfweiden und Obstbäumen; wenn es an diesen
fehlt, auch in Nischen an Gebäuden. Vielerorts wird der Bestand
durch die Anbringung von speziellen, vor Mardern geschützten
Nistkästen gefördert. Steinkäuze sind tag- und nachtaktiv. Gern
nutzen sie Zaunpfähle zur Ansitzjagd. Die Nahrungssuche erfolgt
aber auch hüpfend am Boden.

❶ Waldohreule
Asio otus

STECKBRIEF 31–37 cm • Schlank, Federohren nach oben gerichtet, im Flug nicht sichtbar, Augen orange • Reihen dumpfer »huh«-Rufe, Jungvögel hoch fiepend • Bewohnt Wälder und Gärten; in Nordeuropa Zugvogel, sonst ganzjährig anwesend • Im Winter gruppenweise an Tagesschlafplätzen.

❷ Uhu
Bubo bubo

STECKBRIEF 59–73 cm • Sehr große, braun gemusterte Eule mit großen Federohren und orangen Augen • Ruft nachts weit hörbar ihren Namen »U-hu« • Ganzjährig in Wäldern und Gebirgen, brütet v. a. in Felswänden (auch Steinbrüchen) • Frisst Säugetiere und Vögel bis zur Größe von Hasen bzw. Reihern.

große, kräftige Gestalt

gelber Haken-
schnabel

Kopf und Hals heller
braun als der Körper

weißer Schwanz

Kennzeichen im Flug: sehr breite →
Flügel; weißer, keilförmiger Schwanz

Seeadler

Haliaeetus albicilla

Länge 76–92 cm
Stimme Am Brutplatz Reihen heller Rufe, die auch im Duett
vorgetragen werden.
Nahrung Großes Beutespektrum: Neben Fischen werden
auch Wasservögel bis hin zu Kormoranen und Gänsen ge-
jagt, auch Aas wird gefressen.
Vorkommen Brutvogel in Nord- und Osteuropa (auch Nord-
und Ostdeutschland), immer in der Nähe großer Gewässer.

→ TYPISCH Durch Bejagung, Störungen am Brutplatz und
starke Giftbelastung war der deutsche Wappenvogel selten
geworden und vielerorts verschwunden. Schonung und Verbote
gefährlicher Umweltgifte ermöglichten in den letzten 30 Jahren
eine starke Bestandszunahme und die Wiederbesiedlung einst
geräumter Gebiete. Seeadler-Paare bleiben ein Leben lang
zusammen und halten sich meist ganzjährig im Brutrevier auf.

❶ Fischadler
Pandion haliaetus

STECKBRIEF 52–60 cm • Relativ langflügliger, unterseits weißer Greifvogel mit dunkelbrauner Oberseite, Brustband bräunlich, Augenstreif schwarz • Nur an größeren Seen und Flüssen; brütet in Nord- und Osteuropa, überwintert in Afrika • Erbeutet Fische durch spektakuläres Stoßtauchen aus dem Flug.

❷ Rohrweihe
Circus aeruginosus

STECKBRIEF 43–55 cm • Männchen grau und braun, schwarze Flügelspitzen; Weibchen fast einfarbig schwarzbraun, aber Oberkopf und Flügelvorderkante gelblich weiß • Jagt in gaukelndem Flug niedrig über Röhricht, Feldern und Wiesen nach Kleinsäugern und Vögeln (oft Küken) • Überwintert in Afrika.

① Kornweihe

Circus cyaneus

STECKBRIEF 42–55 cm • Männchen fast einfarbig hellgrau, nur Flügelspitzen schwarz; Weibchen braun gemustert mit weißem Bürzel • Brütet in Nord- und Osteuropa, selten auch in Norddeutschland; im Winter überall in Mitteleuropa • Jagt in niedrigem Flug über Ackerland und Wiesengebieten.

② Wiesenweihe

Circus pygargus

STECKBRIEF 43–47 cm • Schlanker und kleiner als die ähnliche Kornweihe; Männchen grau mit schwarzem Flügelstreif, Weibchen mit hellem Kragen • Flügel im Flug stärker V-förmig gehoben als bei anderen Weihen • Brütet in Mooren, Wiesen und Getreidefeldern, gelegentlich in lockeren Kolonien.

3

4

3 Rotmilan
Milvus milvus

STECKBRIEF 60–66 cm • Überwiegend braun, großes weißes Feld im Unterflügel, rotbrauner Gabelschwanz • Brutvogel waldreicher Ackerlandschaft Mittel- und Südeuropas; überwintert von Mittel- bis Südeuropa • Ernährt sich v. a. von Aas, das er oft von der Wasseroberfläche oder am Straßenrand aufliest.

4 Schwarzmilan
Milvus migrans

STECKBRIEF 55–60 cm • Ähnlich Rotmilan, aber fast einfarbig dunkelbraun und Schwanz nur schwach gegabelt • Über fast ganz Eurasien verbreiteter Brutvogel; überwintert südlich der Sahara • Bevorzugt abwechslungsreiche Landschaft, gern nahe Gewässern • Aasfresser mit großem Anteil toter Fische.

53

① Sperber
Accipiter nisus

STECKBRIEF 29–41 cm • Männchen oben blaugrau, unten orangebraun gebändert; Weibchen deutlich größer, oben braun, unten dunkel gebändert • Bewohnt abwechslungsreiche Landschaften, brütet in Wäldern oder kleinen Gehölzen, jagt aber oft in offenem Gelände • Frisst fast nur Singvögel.

② Habicht
Accipiter gentilis

STECKBRIEF 49–64 cm • Langschwänziger Greifvogel; Weibchen bussardgroß, Männchen viel kleiner; oben grau (Männchen) oder braun (Weibchen), unten dunkel gebändert • Jahresvogel; brütet in Wäldern, jagt auch in offenem Gelände • Erbeutet Vögel bis zur Größe von Hühnern (v. a. Tauben).

Auge dunkel

relativ dunkles Individuum, Weißanteil im Gefieder oft größer

kompakte Gestalt

Unterseite grob gefleckt

Typisch: rundes Schwanzende, breite Flügel →

Mäusebussard

Buteo buteo

Länge 46–58 cm
Stimme Weit hörbarer Ruf »kiääh«.
Nahrung Kleine Säugetiere, v. a. Mäuse, aber auch Hamster, Maulwürfe, Kaninchen und kleine Feldhasen. Daneben auch Jungvögel und Frösche sowie Aas.
Vorkommen Jahresvogel, brütet in Wäldern, Feldgehölzen und mitunter auf Einzelbäumen. Nahrungssuche in offenem Gelände, bevorzugt mit Ansitzmöglichkeiten (auch direkt neben Straßen).

→ **TYPISCH** Kaum eine Vogelart ist in der Gefiederfärbung so variabel wie der Mäusebussard. Von einfarbig schwarzbraun bis fast weiß kommen die verschiedensten Muster vor. Variabel ist die häufigste Greifvogelart Europas auch hinsichtlich der Nahrungssuche: mit Sturzflug nach Kreisen in großer Höhe, Rüttelflug, Ansitz auf Ästen oder Zaunpfählen und Bodenjagd zu Fuß.

① **Wanderfalke**

Falco peregrinus

STECKBRIEF 38–51 cm • Kräftiger Falke mit relativ kurzem Schwanz; oben grau (Altvögel) oder braun (Jungvögel), unten hell, gebändert • Weltweit verbreiteter Felsbrüter (auch an hohen Gebäuden, z. B. in Kirchtürmen), im Flachland auch Baumbrüter • Jagt Vögel von Drossel- bis Möwengröße im Sturzflug.

② **Baumfalke**

Falco subbuteo

STECKBRIEF 29–35 cm • Flügel lang und schmal, oben dunkelgrau, unten weiß mit schwarzer Fleckung und roten »Hosen«, Kopf mit schwarzer Maske • Brutvogel in fast ganz Europa in offener Landschaft; überwintert südlich der Sahara • Jagt Schwalben, Mauersegler und Libellen, gern nahe Gewässern.

Kopf grau

Oberseite rotbraun, mit dunklen Flecken

Schwanz lang

Männchen

Typisch: Rüttelflug, Flügel schmal und spitz →

Turmfalke

Falco tinnunculus

Länge 31–37 cm
Stimme Ruft durchdringend »ki-ki-ki-ki-...«.
Nahrung Frisst vorwiegend Mäuse, aber auch kleine Vögel, Reptilien und Insekten.
Vorkommen Jahresvogel in den unterschiedlichsten Ausprägungen unserer Kulturlandschaft, von offenem Gelände bis zu Innenstädten. Fehlt nur in größeren Waldgebieten.

→ TYPISCH Turmfalken legen bei der Nistplatzwahl eine große Vielfalt an den Tag. Sie brüten in Fels- und Gebäudenischen, besonders gern werden Kirchtürme besiedelt. In der offenen Landschaft nutzen sie alte Krähennester in Bäumen oder auf Hochspannungsmasten. Eine Besonderheit ist der Rüttelflug, bei dem der Turmfalke mit gefächertem Schwanz und schnellem Flügelschlag in der Luft »steht«, um nach Beute Ausschau zu halten.

TAUBEN, SPECHTE UND ÄHNLICHE
schneller bestimmen

In dieser Gruppe findest du mit Tauben, Spechten und ähnlichen Arten Vögel, deren Lebensweise derjenigen der Singvögel gleicht.

Sie sind aber meist etwas größer als Singvögel.

Hier werden sie nach Körperform und Verwandtschaft in einige Untergruppen eingeteilt.

AB SEITE 59
Tauben

Mittelgroße, kleinköpfige Vögel mit kurzen Beinen und kurzem Schnabel, die am Boden Nahrung suchen und viel fliegen.

AB SEITE 61
Kuckuck, Eisvogel u. a.

Mehrere Arten, die eine auffällige Form, Färbung und Lebensweise haben und dadurch bei uns einzigartig sind.

AB SEITE 64
Spechte

Kleine bis mittelgroße Vögel, die mit kräftigen Füßen und einem Stützschwanz an Baumstämmen emporklettern. Kräftiger Schnabel zum Trommeln und zum Bau von Höhlen.

❶ Türkentaube
Streptopelia decaocto

STECKBRIEF 31–34 cm • Kleine, langschwänzige Taube; hell beigegrau, schwarzes Nackenband • Singt klar »hu-huu-hu« (zweite Silbe betont) • Häufiger Jahresvogel in Städten und Dörfern • Mehrere Jahresbruten von Februar bis September, z. T. Winterbruten.

❷ Hohltaube
Columba oenas

STECKBRIEF 32–34 cm • Ähnlich Ringeltaube, aber kleiner und ohne Weiß an Hals und Flügel, 2 schmale schwarze Flügelbinden • Singt Reihe dumpfer »hu«-Laute • Brütet in Wäldern und Feldgehölzen, Nahrungssuche meist auf Feldern • Höhlenbrüter, nistet am liebsten in alten Schwarzspecht-Höhlen.

❶ Ringeltaube

Columba palumbus

STECKBRIEF 38–43 cm • Große, blaugraue Taube, rosa Brust, weißer Halsfleck; im Flug weißes Querband auf dem Flügel • Fünfsilbiger, dumpfer Gesang »gru-gruu-gru gu-gu« (zweite Silbe betont) • Häufiger Brutvogel in Wäldern und Siedlungen, Nahrungssuche auch auf Feldern.

❷ Straßentaube·Felsentaube

Columba livia f. domestica

STECKBRIEF 29–35 cm • Nachkommen gezüchteter Vögel (z. B. Brieftauben) • Ursprünglich hellgrau mit blaugrauem Kopf und rosa Brust sowie grün schillerndem Halsfleck; infolge jahrhundertelanger Zucht etliche Farbvarianten, v. a. mit weißen Gefiederpartien • Weltweit verbreitet in Städten.

helle Iris, gelber Augenring

Kopf, Hals und
Oberseite blaugrau

Bauch gebändert

Schwanz lang

Erinnert im Flug an einen →
Sperber oder Falken

Kuckuck

Cuculus canorus

Länge 32–36 cm
Stimme Männchen ruft unverwechselbar »ku-kuck«. Weibchen mit glucksenden, trillernden Rufreihen.
Nahrung Vor allem Schmetterlingsraupen (auch große, behaarte), andere Insekten wie Käfer, Heuschrecken und Libellen.
Vorkommen Sommervogel in fast allen Lebensräumen. Fehlt nur in Innenstädten und ausgeräumter Ackerlandschaft. Überwinterung in Afrika südlich der Sahara.

→ **TYPISCH** Kuckucke betreiben keine eigene Brutpflege: Die Weibchen legen ihre Eier einzeln in die Nester viel kleinerer Singvögel. Um sich seiner Konkurrenten zu entledigen, wirft der Jungkuckuck die Eier oder Jungen der Adoptiveltern aus dem Nest und wird dann allein großgezogen. Häufige Wirtsvögel sind Bachstelze, Teichrohrsänger und Rotkehlchen. Erfolgreiche Aufzucht von Kuckucksjungen ist aber bei mindestens 45 Arten nachgewiesen.

① Eisvogel
Alcedo atthis

STECKBRIEF 17–19 cm • Oben schillernd türkisblau, unten orange, Schnabel groß, spitz, Beine sehr kurz • Ruft hoch und durchdringend »tiit« • Brutvogel an Gewässern, meist Jahresvogel • Gräbt Bruthöhle in Steilufer • Von über dem Wasser hängenden Ästen aus Stoßtauchen nach kleinen Fischen.

② Wiedehopf
Upupa epops

STECKBRIEF 25–29 cm • Körper orange, Flügel schwarz-weiß gestreift, nach hinten ragende, aufrichtbare Federhaube • Ruft hohl »uh-uh-uh« • Bewohnt in Süd- und Osteuropa die halboffene Kulturlandschaft, gern Obstgärten; überwintert in Afrika • Brut in Baumhöhlen • Erbeutet große Insekten.

❸ Bienenfresser

Merops apiaster

STECKBRIEF 27–29 cm • Sehr bunt: unten blau, oben rot bis orange, Kehle gelb, Schwanz grünlich blau • Typischer rauer Ruf »prrütt« • Lebt in halboffener Landschaft in Mittel- und Südeuropa; überwintert in Afrika • Brütet kolonieartig in lehmigen Steilwänden, in die er bis zu 2 m tiefe Höhlen gräbt.

❹ Mauersegler

Apus apus

STECKBRIEF 17–19 cm • Schwärzlicher, schwalbenähnlicher Vogel, Flügel schmal, sichelförmig, Schwanz gegabelt • Lange schrille Rufe (Geräuschkulisse vieler Städte) • Sommervogel in ganz Europa; überwintert in der Südhälfte Afrikas • Brütet unter Dächern und in Felsspalten, aber auch in Baumhöhlen.

❶ Grünspecht

Picus viridis

___

STECKBRIEF 45–51 cm • Grün befiederter Specht mit rot-schwarzer Kopfzeichnung • Lachende, glucksende Rufreihen sind häufig zu hören, dagegen nur selten trommelnd • Ganz-jährig in offenen Wäldern, Parks und großen Gärten • Ernährt sich v. a. von Ameisen, hält sich deshalb meist am Boden auf.

❷ Schwarzspecht

Dryocopus martius

___

STECKBRIEF 45–57 cm • Großer, fast einfarbig schwarzer Specht mit roter Kopfplatte • Sehr lange Trommelwirbel; ruft klagend »kliööh« oder rau »krrü-krrü-krrü« • Ganzjäh-rig in Wäldern mit großen, alten Bäumen • Zimmert bis zu 50 cm tiefe Bruthöhle in dicke Baumstämme.

großer weißer Schulterfleck

weißer Bauch ohne Strichel

Unter-schwanz rot

Weibchen

Männchen mit rotem Fleck am Hinterkopf →

Buntspecht

Dendrocopos major

Länge 23–26 cm
Stimme Ruft scharf »kick« oder gereiht »krrk-krrk-krrk-...«.
Trommelt schneller und kürzer als der Schwarzspecht.
Nahrung Verschiedene Insekten, Samen von Laub- und
Nadelbäumen (Zapfen, Nüsse und Bucheckern).
Vorkommen Jahresvogel in Wäldern, Feldgehölzen, Parks
und Gärten, besucht im Winter auch Futterstellen.

→ TYPISCH **Der kräftige Schnabel wird vielseitig verwendet.
Er dient nicht nur zum Bau der Nisthöhle, sondern auch zum
Herausarbeiten von Insekten und deren Larven aus dem Holz.
Aufgehämmert werden auch Bruthöhlen anderer Singvögel, um
an deren Eier und Jungvögel zu gelangen. Zapfen von Nadelbäumen werden in Astgabeln (»Spechtschmieden«) geklemmt, um sie
besser bearbeiten zu können.**

SINGVÖGEL
schneller bestimmen

In dieser Gruppe findest du die in verschiedensten Farben und Formen vorkommenden Singvögel.

Achte besonders auf ihre Lebensweise und Schnabelform.

Nach diesen Kriterien sind sie in weitere Untergruppen eingeteilt.

AB SEITE 68
Meisen

Kleine, agile Vögel, runder Kopf, kurzer, aber kräftiger Schnabel. Häufig in Nistkästen und an Futterhäusern.

AB SEITE 73
Finken & Ähnliche

Kleine, kurzbeinige Singvögel mit dickem Schnabel (Körnerfresser!). Meist am Boden nach Nahrung suchend, aber Gesang oft hoch im Baum.

AB SEITE 84
Drosseln & Ähnliche

Mittelgroße Singvögel mit relativ langen Beinen und schlankem Schnabel. Nahrungssuche am Boden, Gesang meist von höherer Warte aus.

AB SEITE 89

Insektenfresser am Boden

Kleine Singvögel mit relativ langen Beinen und schlankem Schnabel. Meist zu Fuß am Boden unterwegs, gelegentlich aber von höherer Warte aus jagend.

AB SEITE 101

Insektenfresser in Busch und Baum

Kleine Singvögel mit relativ kurzen Beinen und schlankem Schnabel. Bewegen sich geschickt im Geäst von Gehölzen, gelegentlich kurze Flüge zum Schnappen nach Insekten.

AB SEITE 111

Andere

Unterschiedliche Singvögel wie Schwalben und Baumläufer, die sich deutlich von den anderen Untergruppen unterscheiden.

AB SEITE 117

Krähenvögel

Große Singvögel mit relativ langen Beinen und kräftigem Schnabel. Häufig am Boden auf Nahrungssuche, oft gesellig oder gar in Schwärmen.

Kopf blau-weiß

Schwanz und
Flügel blau

Unterseite gelb

Häufiger Gast an winterlichen →
Futterstellen

Blaumeise

Cyanistes caeruleus

Länge 10–12 cm
Stimme Typischer, von 2 höheren Tönen eingeleiteter Triller.
Rufe ähnlich Kohlmeise, aber meist höher.
Nahrung Im Winter v. a. Körner, im Sommer Insekten.
Vorkommen Lebt in verschiedenartigen Gehölzen, Wäldern
und Gärten, im Winter auch im Schilf. Jahresvogel in fast
ganz Europa, im Norden auch Zugvogel mit in manchen
Jahren invasionsartigen Einflügen nach Mittel- und West-
europa.

TYPISCH Blaumeisen brüten in Baumhöhlen, besonders gern
auch in Nistkästen. Brutpaare können auch im Winter zusammen-
bleiben, selbst wenn sie truppweise und gemeinsam mit anderen
Vogelarten umherstreifen. Dabei ist ihre Nahrungssuche vielseitig
und reicht vom Herausarbeiten von Insekten aus Schilfhalmen bis
zum geschickten Fressen an Meisenknödeln.

Kopf schwarz mit weißen Wangen

Unterseite gelb

breiter schwarzer Bauchstreifen

Männchen

Beim ähnlichen Weibchen ist der → Bauchstreifen schmal

Kohlmeise

Parus major

Länge 13–15 cm
Stimme Ungemein stimmfreudig mit großem Repertoire an Rufen und Gesängen. Oft Rufe wie »pink« oder heiser »schä-schä-schä«.
Nahrung Im Winter Körner, im Sommer Insekten (häufig Raupen).
Vorkommen In verschiedensten Lebensräumen mit Bäumen, besonders in Wäldern, Parks und Gärten. Jahresvogel, in Nord- und Osteuropa auch Zugvogel.

→ TYPISCH Kohlmeisen brüten in Baumhöhlen und Nistkästen, zu kleine Einfluglöcher werden mit dem kleinen, aber kräftigen Schnabel passend gemacht. Pro Jahr finden bis zu 3 Bruten mit jeweils 8–9 Eiern statt. Im Winter treten Kohlmeisen oft in Trupps auf. An Futterstellen kann man gut beobachten, wie sie ihren Schnabel geschickt einsetzen, um Sonnenblumenkerne zu öffnen.

① **Tannenmeise**
Periparus ater

STECKBRIEF 10–12 cm • Kopf schwarz-weiß, Oberseite blau-grau, Unterseite bräunlich • Singt monoton »wize-wize-wize«, ruft nasal »tsui« • Jahresvogel in Nadelwäldern, im Winter auch in Gärten • Nahrung im Sommer Insekten, im Winter Nadelbaumsamen, versteckt Vorräte für ungünstige Zeiten.

② **Sumpfmeise**
Poecile palustris

STECKBRIEF 11–13 cm • Kopfplatte und Kinnfleck glänzend schwarz, Kopfseiten weiß, Oberseite braun, keine Flügelbinde • Ganzjährig in Laub- und Mischwäldern, im Winter auch in Gärten • Zeternde Rufe, Gesang aus monotoner Reihe kurzer Töne »tjä-tjä-tjä-tjä-...« • Brütet auch in sehr engen Baumhöhlen.

schwarz-weiße Haube

Oberseite braun

schwarzes Kinn

Unverwechselbar durch Kopfzeichnung und Haube →

Haubenmeise

Lophophanes cristatus

Länge 10–12 cm
Stimme Trillernde Rufe, denen beim Gesang feinere Zwit-
schertöne hinzugefügt werden.
Nahrung Im Sommer Insekten und ihre Larven, im Winter
Samen, v. a. die von Nadelbäumen.
Vorkommen Jahresvogel in Nadelwäldern, im Vergleich
zu anderen Meisenarten seltener in offenem Gelände zu
sehen. Gärten werden nur in Waldnähe besucht.

→ **TYPISCH** Zum Brüten nutzen Haubenmeisen meist Höhlen,
die sie selbst in morsches Holz gezimmert haben, aber auch Specht-
höhlen und Nistkästen. Brutpaare bleiben ihr Leben lang zusammen
und verlassen ihr Revier auch im Winter eher nicht. Trotzdem
finden sie sich dann mit anderen Meisenarten zu Trupps zusammen. Durch die Anpflanzung von Nadelwäldern haben Haubenmeisen in den letzten 100 Jahren in Deutschland stark zugenommen.

sehr langer Schwanz

winziger Schnabel

Unterseite und Kop[f] überwiegend weiß

Wintergäste aus Nordeuropa mit weißem Kopf →

Schwanzmeise

Aegithalos caudatus

Länge 13–15 cm
Stimme Fast ununterbrochen werden hohe oder schnurren-de Rufe geäußert, der leise zwitschernde Gesang ist selten zu hören.
Nahrung Kleine Insekten und Spinnen, Raupen, kleine Knos-pen, Teile von Früchten.
Vorkommen Jahresvogel, brütet in Laub- und Mischwäldern, aber auch in Gärten. Im Winter auch in offenerem Gelände.

→ TYPISCH Schwanzmeisen bauen kugelförmige Nester, die sich oft niedrig in Büschen, gelegentlich aber bis zu 30 m hoch in Bäumen befinden. Sie brüten zwar paarweise, doch helfen Alt-vögel mit erfolglosen Bruten anderen Paaren bei der Aufzucht der Jungvögel. Auch außerhalb der Brutzeit sind Schwanzmeisen sozial und streifen in Trupps von meist 10–20 Vögeln scheinbar rastlos durch die Gegend.

Kappe und Nacken graublau

Gesicht und Unterseite rostrot

Männchen

Flügel schwarz-weiß

Weibchen: schlicht grünlich grau gefärbt →

Buchfink
Fringilla coelebs

Länge 14–16 cm
Stimme Laut schmetternder, in der Tonhöhe abfallender Gesang mit Überschlag am Ende. Verschiedene Rufe: kräftig »pink« (daher der Name »Fink«), rollend »rrrüp« (der sogenannte »Regenruf«), im Flug zurückhaltend »tjüpp«.
Nahrung Frisst im Sommer meist Insekten, im Winter v. a. verschiedene Pflanzensamen (darunter Bucheckern, Getreide).
Vorkommen Ganzjährig in Wäldern, Parks und Gärten.

→ **TYPISCH** Mit grob geschätzt 200 Millionen Brutpaaren ist der Buchfink der häufigste Brutvogel Europas. Viele brüten in Nordeuropa und kommen im Herbst als Wintergäste zu uns. Sie leben dann in Trupps, oft zusammen mit anderen Finkenarten wie dem Bergfink. Die Nahrungssuche findet im Winterhalbjahr am Boden statt, bei Gefahr fliegen die Vögel aber sofort in Büsche und Bäume zurück.

❶ **Bergfink**
Fringilla montifringilla

STECKBRIEF 14–16 cm • Kopf und Rücken schwarz bis grau, Brust orange • Quäkender Ruf • Brütet in Nadel- und Birkenwäldern Nordeuropas; überwintert in Mittel- und Südeuropa • In Jahren mit vielen Bucheckern können sich in unseren Wäldern Schwärme von über 1 Million Bergfinken bilden.

❷ **Bluthänfling**
Linaria cannabina

STECKBRIEF 12–14 cm • Männchen mit grauem Kopf, roter Brust und braunem Rücken; Weibchen ähnlich, aber schlichter • Ruft weicher als Grünfink; Gesang aus solchen Rufen, Quäken und Trillern • In offener Landschaft mit dichtem Gebüsch, auch in Siedlungen.

schwarze Kopfplatte ———

Rücken grau ———

——— bullige Gestalt

Männchen

Weibchen unterseits →
bräunlich grau

Gimpel · Dompfaff

Pyrrhula pyrrhula

Länge 16–17 cm
Stimme Weiche, leicht abfallende und traurig klingende Rufe »düü«. Unauffälliger, selten zu hörender Gesang aus leisem Pfeifen und Trillern.
Nahrung Ernährt sich von Pflanzensamen (v. a. Brennnessel und Ahorn) und Knospen (besonders Pflaume und Ahorn).
Vorkommen Brutvogel in Mischwäldern und Parks, im Winter gern in Gärten und häufig an Futterhäusern.

> **TYPISCH** Männchen und Weibchen finden oft schon im Herbst zu Paaren zusammen. Sie streifen im Winter gemeinsam umher und bleiben möglicherweise sogar ihr Leben lang beieinander. Im Frühjahr bauen sie ihr Nest am liebsten in besonders dichtem Geäst von Nadelbäumen. Ihre Jungen füttern sie mit im Kropf aufgeweichten Samen, aber auch mit Insekten, Raupen und Spinnen.

dicker Schnabel

gelbes Flügelfeld

Körper grün

Männchen

Weibchen blasser und etwas fleckig gefärbt →

Grünfink

Chloris chloris

Länge 14–16 cm
Stimme Etwas abgehackt wirkender Gesang mit trillernden und zwitschernden Elementen, endet oft mit lang gezogenem rauen Schlusston. Rufe meist in Serien »jüp-jüp-jüp«.
Nahrung Verschiede Pflanzensamen, Fruchtfleisch von Hagebutten, Knospen.
Vorkommen Jahresvogel in Parks und Gärten, auch in Siedlungen, an Waldrändern und in Hecken.

> **TYPISCH** Der kräftige Schnabel kennzeichnet Grünfinken als Körnerfresser, die im Winter gern truppweise an Futterhäusern auftauchen. Kleinere Samen lösen sie geschickt mit Schnabel und Zunge aus den Blüten, größere wie Sonnenblumenkerne werden mit dem Schnabel aufgebissen. Ihre Nester bauen sie bevorzugt im Geäst von Fichten und Wacholder, aber auch in Kletterpflanzen an Gebäuden.

❶ Girlitz
Serinus serinus

11–12 cm • Gelbgrün mit schwarzer Strichelung • Schneller, quietschender Gesang, meist von Baumspitzen und von Hausdächern aus oder im Flug vorgetragen • Bewohnt Parks und Gärten im Bereich von Siedlungen; Jahresvogel am Mittelmeer, in Mitteleuropa meist Zugvogel.

❷ Erlenzeisig
Spinus spinus

11–12 cm • Männchen kräftig grün und gelb gefärbt, Kopfkappe und Kinn schwarz; Weibchen blasser und unterseits dunkel gestrichelt • Gesang aus Zwitschern und Summen; feine, traurig klingende Rufe • Bewohnt Nadel- und Mischwälder, im Winter truppweise besonders an Erlen.

Kernbeißer
Coccothraustes coccothraustes

STECKBRIEF 17–18 cm • Dunkelgrau bis bräunlich, sehr dicker Schnabel, weiße Felder an Flügel und Schwanz • Ruft scharf »zick«, leiser Gesang aus den scharfen Rufen und langen, gepressten Tönen • Ganzjährig in Wäldern und Gärten • Knackt mit dem Schnabel Samen bis hin zum Kirschkern.

Fichtenkreuzschnabel
Loxia curvirostra

STECKBRIEF 15–17 cm • Schnabel überkreuzt, Männchen rot, Weibchen grün, Bürzel jeweils leuchtend gefärbt • Ruft laut und klar »gipp« • Jahresvogel in Nadelwäldern • Schneidet mit dem Schnabel Nadelbaumzapfen auf, um an die Samen zu gelangen • Brütet bei gutem Nahrungsangebot auch im Winter.

Kopf rot-weiß-schwarz

Flügel schwarz-weiß mit gelbem Feld

pinzetten-artiger Schnabel

Jungvogel mit noch unauffällig gefärbtem Kopf →

Stieglitz · Distelfink

Carduelis carduelis

Länge 12–14 cm
Stimme Dreisilbiger, namengebender Ruf »sti-ge-litt«. Gesang leises Zwitschern, darin immer wieder der typische Ruf eingeflochten.
Nahrung Verschiedene Pflanzensamen, auch Blattläuse.
Vorkommen Ganzjährig anwesender Brutvogel in lichten Wäldern und lockeren Baumbeständen (z. B. Obstgärten). Nahrungssuche in offener Landschaft, zumeist auf Brachflächen oder an Wegrändern.

> **TYPISCH** Stieglitze ernähren sich fast ausschließlich von Pflanzensamen. Ihr volkstümlicher Name »Distelfink« verrät, dass sie sich auf Disteln spezialisiert haben. Mit dem für Finkenvögel recht langen und spitzen Schnabel ziehen sie die Distelsamen geschickt aus den Blüten. Zum Brüten bilden mitunter mehrere Paare lockere Gruppen, die auch gemeinsam auf Nahrungssuche gehen.

Kopf schwarz ——

—— weißer Bartstreif

Oberseite
braun-schwarz
gestreift

Bauch weiß, Flanken
gestrichelt

Männchen

Weibchen mit braunem Kopf und →
weißem Überaugenstreif

Rohrammer

Emberiza schoeniclus

Länge 13–15 cm
Stimme Gesang aus langsam vorgetragenen Einzeltönen,
meist von der Spitze eines Schilfhalms oder eines Buschs
aus. Ruft lang gezogen, leicht abfallend »psüüü«.
Nahrung Im Sommer überwiegend Insekten, sonst v. a.
Pflanzensamen.
Vorkommen In Feuchtgebieten, v. a. in Schilfbeständen,
auch an kleineren Parkgewässern. Überwiegend Zugvogel.

→ **TYPISCH** Rohrammer-Nester werden ausschließlich von den
Weibchen gebaut und befinden sich meist dicht am Boden und gut
versteckt in Grasbüscheln oder im Schilf. Auch das knapp zweiwö-
chige Bebrüten der meist 5 Eier ist allein Sache des Weibchens.
Das Füttern der Jungvögel übernehmen beide Partner gemeinsam. Der Nachwuchs lernt nach 2 Wochen das Fliegen, wird aber
noch weitere 10 Tage außerhalb des Nests betreut.

rotbrauner
Bürzel

Kopf und
Unterseite
kräftig gelb

Brust rotbraun
gestrichelt

Männchen

Weibchen weniger intensiv gelb, →
unten schwärzlich gestrichelt

Goldammer

Emberiza citrinella

Länge 16–17 cm
Stimme Weit hörbarer Gesang aus mehreren kurzen Tönen und einem lang gezogenen Schlusston (»ich-ich-ich-hab-dich-lieb«). Ruft rau »trütt«.
Nahrung Samen von Wildgräsern und Getreide, Jungvögel werden mit Insekten, Spinnen und Asseln gefüttert.
Vorkommen Jahresvogel in offener, buschiger Landschaft und an Waldrändern, im Winter gelegentlich auch in Gärten.

→ **TYPISCH** Im Winter suchen Goldammern in Trupps von oft mehr als 100 Vögeln auf Feldern nach Nahrung. Ab Februar verteilen sich zunächst die bunten Männchen, dann die schlichter gefärbten Weibchen auf die Brutreviere. Nester werden in Gebüschen gebaut, zu Brutbeginn im April meist in Bodennähe, mit beginnender Belaubung und entsprechendem Sichtschutz später auch etwas höher im Gebüsch.

Oberkopf kastanienbraun ———

Oberseite ——— schwarz-braun gemustert

——— weiße Wange mit schwarzem Fleck

Unterschied zum Haussperling: Kopfzeichnung samt weißem Nackenring →

Feldsperling

Passer montanus

Länge 13–14 cm

Stimme Ähnlich Haussperling, häufig aber härtere und rauere Rufe.

Nahrung Körner und andere Pflanzensamen, zur Brutzeit auch Insekten.

Vorkommen Jahresvogel in Dörfern und Gärten, aber auch in kleineren Baumbeständen wie Feldgehölzen, Obstbaum-alleen und Hecken. Insgesamt häufiger als Haussperlinge in offener Landschaft.

→ **TYPISCH** Feldsperlinge brüten in Baumhöhlen und Nistkäs-ten. Gegenüber Menschen sind sie scheuer als die nah verwand-ten Haussperlinge. Außerhalb der Brutzeit bilden sie große Trupps, in denen sie oft gemeinsam mit Goldammern und verschiedenen Finkenarten Nahrung suchen. In Gärten kommen sie gern an Futterhäuser, sie fressen sogar hängend an Meisenknödeln.

Scheitel grau

Nacken kastanienbraun

dicker, schwarzer Schnabel

Kehle schwarz

Männchen

Weibchen unauffälliger gefärbt, besonders am Kopf →

Haussperling

Passer domesticus

Länge 14–16 cm
Stimme Verschiedene schilpende und ratternde Rufe. »Gesang« aus einer Reihe langsam wiederholter »schilp«-Rufe.
Nahrung Getreide und andere Pflanzensamen, zur Brutzeit auch Insekten.
Vorkommen Ganzjährig in und um Siedlungen aller Art, vom Einzelgehöft bis zur Großstadt. Nahrungssuche auch auf Feldern und Wiesen.

→ **TYPISCH** Die sehr geselligen Haussperlinge sind die Charaktervögel vieler Dörfer und Städte. Dort sieht man sie häufig in Trupps bei der Nahrungssuche auf Straßen und Fußwegen. Sie nisten fast immer in Hohlräumen von Gebäuden, auch in Nistkästen. Oft befinden sich mehrere Nester dicht beieinander, mitunter gibt es unter Dächern auch große Gemeinschaftsnester mit bis zu 20 Paaren.

schwarzes Gefieder mit metallischem Glanz

Schnabel
gelb

Männchen im
Prachtkleid

Im Schlichtkeid stark hell
gesprenkelt →

Star

Sturnus vulgaris

Länge 19–22 cm
Stimme Gesang aus kratzigem Quietschen und Pfeifen, darin eingebettet ein reichhaltiges Repertoire von Imitationen anderer Vogelstimmen. Ruft heiser »ärrr«.
Nahrung Überwiegend Insekten, v. a. Schnakenlarven und Käfer. Im Sommer auch Früchte und Obst (gern Kirschen).
Vorkommen Brütet in Baumhöhlen oder Nistkästen in Wäldern und Dörfern, auch an Gebäuden. Nahrungssuche auf Feldern und Wiesen. In Mitteleuropa meist Zugvogel.

→ **TYPISCH** Stare sind sehr gesellig. Sie brüten gern zu mehreren Paaren in enger Nachbarschaft und gehen truppweise der Nahrungssuche nach. Gelegentlich jagen sie gemeinsam im Flug nach schwärmenden Insekten. Nach der Brutzeit und auf dem Zug bilden sie große Schwärme und sammeln sich abends zu Zigtausenden an Schlafplätzen im Schilf.

gelber Augenring

Gefieder schwarz

Schnabel gelb

Männchen

Weibchen braun, Unterseite etwas heller →

Amsel

Turdus merula

Länge 24–29 cm
Stimme Melodischer, flötender Gesang, v. a. in der Morgen- und Abenddämmerung. Bei Gefahr laut schimpfend.
Nahrung Sehr vielseitig: Regenwürmer, Käfer, Ameisen und andere Kleintiere, auch Beeren und andere fleischige Früchte.
Vorkommen Ganzjährig in Gärten, Parks, Wäldern und Feldgehölzen. Im Winter häufig an Futterstellen.

→ TYPISCH Vor etwa 150 Jahren ist die Amsel aus Wäldern in Gärten und andere städtische Lebensräume eingewandert und mit etwa 8–10 Millionen Brutpaaren in Deutschland ein erfolgreicher Kulturfolger. Sie profitiert von der Bepflanzung mit immergrünen Nadelhölzern, die ganzjährig Schutz bieten. Futterhäuser unterstützen besonders bei Schnee ihr Überleben im Winter.

Oberkopf und Nacken grau

Schnabel gelb

Vorderrücken braun

Brust bräunlich, schwarz gestrichelt

Hinterrücken und Oberschwanz grau

Im Flug helle Unterflügel und heller Bauch →

Wacholderdrossel

Turdus pilaris

Länge 22–27 cm
Stimme Raue, schackernde Rufe. Gesang krächzend und quietschend, oft im Flug vorgetragen.
Nahrung Im Frühjahr und Sommer v. a. Regenwürmer, Insekten und andere Kleintiere, im Herbst und Winter vorwiegend Beeren und andere Früchte.
Vorkommen Brütet in Baumbeständen aller Art, Nahrungssuche auf Wiesen und Feldern. Jahresvogel, im Herbst starker Zuzug aus Nordeuropa.

→ **TYPISCH** Von den heimischen Drosselarten ist die Wacholderdrossel die geselligste. Sie brütet gern in Gemeinschaft mehrerer Paare. Zusammen attackieren sie dort eindringende Krähen oder Greifvögel und vertreiben sie mit Kotspritzern. Außerhalb der Brutzeit treten Wacholderdrosseln häufig in Schwärmen von mehreren Hundert Vögeln auf, gern zusammen mit Staren und Rotdrosseln.

❶ Singdrossel

Turdus philomelos

STECKBRIEF 20–22 cm • Kleiner als Amsel, Oberseite braun, Unterseite schwarz getupft • Singt kurze, zwei- bis dreimal wiederholte Strophen • Brütet in fast ganz Europa in Wäldern und Parks; überwintert von Westeuropa bis Nordafrika • Zerschlägt Schneckenhäuser an Steinen.

❷ Misteldrossel

Turdus viscivorus

STECKBRIEF 26–29 cm • Größer als Amsel, Oberseite hellbraun, Unterseite weiß mit runden, schwarzen Flecken • Gesang ähnlich Amsel, aber kürzere Strophen; schnarrender Ruf • Brütet in hochstämmigen Wäldern und Parks; meist Jahresvogel • Frisst oft Mistelbeeren sowie andere Beeren und Wirbellose.

① Seidenschwanz

Bombycilla garrulus

STECKBRIEF 18–21 cm • Beigerosa, Bürzel grau, Maske und Kehle schwarz, Federhaube, gelbe Federspitzen an Schwanz und Flügel • Ruft hoch und schwirrend »sirr« • Jahresvogel in Nadelwäldern Nordskandinaviens; in manchen Wintern invasionsartige Wanderungen nach Mitteleuropa.

② Wasseramsel

Cinclus cinclus

STECKBRIEF 17–20 cm • Kompakt, dunkelbraune Oberseite, weiße Brust und rotbrauner Bauch • Heller Gesang aus pfeifenden und klirrenden Tönen • Ganzjährig an schnell fließenden Flüssen und Bächen in bergigen Bereichen Europas • Taucht am Gewässergrund nach Wasserinsekten.

Oberkopf leicht gestreift

gelbliche Brust dunkel gestrichelt

Bauch weißlich

Kopffedern oft zu kleiner Haube aufgerichtet →

Feldlerche

Alauda arvensis

Länge 16–18 cm
Stimme Lang andauernder Singflug aus trillernden Tönen und Imitationen anderer Arten, »steht« dabei hoch in der Luft.
Nahrung Verschiedene Bodentiere wie Würmer, Schnecken und Insekten, im Winter eher Getreidekörner und andere Pflanzensamen sowie Keimlinge.
Vorkommen Brütet in Feldern, Wiesen und Weiden. Überwintert in Südeuropa und Nordafrika.

→ TYPISCH Als ursprünglicher Steppenvogel profitierte die Feldlerche von der Rodung vieler mitteleuropäischer Wälder und der nachfolgenden Bewirtschaftung von Wiesen und Feldern. Inzwischen sind die Brutbestände durch Gifteinsatz, Düngung und Monokulturen vielerorts stark zurückgegangen: Für Brut und Nahrungssuche wachsen die Pflanzen zu dicht, das Angebot an Insekten hat sich stark verringert.

89

1 Wiesenpieper

Anthus pratensis

14–15 cm • Unscheinbar braun und gestreift, weniger kontrastreich gefärbt als Baumpieper • Gesang aus verschiedenen Elementen in herabgleitendem Singflug, vom Boden aus • Ruft kurz »ist ist« • Lebt in Feldern und Wiesen; ein Teil überwintert in Südeuropa.

2 Baumpieper

Anthus trivialis

14–16 cm • Gestreiftes Gefieder, kräftige Bruststrichelung, markantere Kopfzeichnung als Wiesenpieper und wärmer getönte Brust • Gesang ähnlich Wiesenpieper, Singflug von Baumspitzen aus • Brütet in Waldlichtungen und an Waldrändern; überwintert in Afrika südlich der Sahara.

Kopf und Brust bleigrau

Schnabel schlank

Flanken braun gestrichelt

Unscheinbarer Vogel mit auffälligem Gesang →

Heckenbraunelle

Prunella modularis

Länge 13–14 cm
Stimme Hoher, klirrender Gesang von erhöhter Warte aus; auf dem Zug hohe, trillernde Rufe.
Nahrung Zur Brutzeit v. a. Raupen, Fliegen, Ameisen und kleine Schnecken, sonst verschiedene kleine Pflanzensamen.
Vorkommen Bewohnt Hecken, Parks und Gärten, auch in Siedlungen. Überwiegend Zugvogel, einige Vögel überwintern bei uns.

> **TYPISCH** Heckenbraunellen leben recht heimlich im Unterholz. Sie suchen ihre Nahrung nahe oder auf dem Boden und verraten ihre Anwesenheit oft nur durch den Gesang. Männchen und Weibchen besitzen zur Brutzeit jeweils ihre eigenen Reviere. Je nachdem, wie sich diese überlappen, kann ein Männchen mehrere Weibchen und ein Weibchen bis zu 2 Männchen als Brutpartner haben.

Kopfseiten weiß

Kehle und Brust-
latz schwarz

langer Schwanz
(häufig wippend)

Bei Jungvögeln Kopfzeichnung
undeutlich, Brustlatz diffus →

Bachstelze

Motacilla alba

Länge 17–19 cm
Stimme Gesang unauffällig zwitschernd, Ruf markant und
hell »zi-witt«.
Nahrung Frisst Mücken, Fliegen und andere kleine Insekten,
an Gewässern auch Flohkrebse und kleine Fischchen.
Vorkommen Bewohnt die offene Kulturlandschaft in unter-
schiedlichster Ausprägung, oft in der Nähe von Gewässern
und Pfützen, häufig auch in Siedlungen. Meist Zugvogel mit
Überwinterung im Mittelmeerraum.

TYPISCH **Bachstelzen wippen fast ununterbrochen mit ihrem
langen Schwanz. Bei der Nahrungssuche laufen sie am Boden
umher und verfolgen dabei Insekten mit schnellen Schritten oder
kurzen Flügen. Ihre napfförmigen Nester bauen sie in Höhlungen
oder Spalten verschiedenster Art, sowohl an Gebäuden und Brücken als auch an Bachufern, in Schutthaufen oder in Büschen.**

❶ Schafstelze
Motacilla flava

STECKBRIEF 15–16 cm • Unterseite gelb, Rücken grünlich, Weibchen blasser • Abgehackter Gesang aus 2–3 Tönen, Ruf leicht abfallend »psiee« • Brütet in Feuchtwiesen sowie in Rüben- und Getreidefeldern; überwintert südlich der Sahara • Nahrungssuche gern zwischen Weidevieh und auf Feldwegen.

❷ Gebirgsstelze
Motacilla cinerea

STECKBRIEF 17–20 cm • Unterseite gelb, Rücken grau, Schwanz lang, Männchen mit schwarzer Kehle • Rufe höher als die der Bachstelze • Jahresvogel, fast nur an Fließgewässern; brütet unter Baumwurzeln und Steinen am Ufer oder unter Brücken • Sitzt gern schwanzwippend auf Steinen im Bach.

Oberseite schiefergrau

weißes Flügelfeld

Kopf und Brust schwarz

Schwanz rostrot

Männchen

Weibchen (und manche einjährige Männchen): graubraun, rostroter Schwanz →

Hausrotschwanz

Phoenicurus ochruros

Länge 13–14 cm
Stimme Beim Gesang folgt einer hell klingenden Tonreihe ein lang gestrecktes, raues Fauchen, bevor die Strophe mit weiteren hellen Tönen endet.
Nahrung Insekten und Spinnen, im Herbst auch Beeren.
Vorkommen Häufiger Brutvogel in Siedlungen aller Art, gern auch in Neubaugebieten. Zur Nahrungssuche auch in umliegenden Feldern und Wiesen. Überwintert im Mittelmeerraum.

TYPISCH **Als Felsbrüter war die Art ursprünglich auf Gebirgsregionen beschränkt. Seit Mitte des 19. Jahrhunderts breitete sie sich über flachere Landschaften aus und besiedelt seitdem auch vom Menschen geschaffene »Felslandschaften« wie Siedlungen, Industrieareale und Kiesgruben. In Siedlungen ist der Hausrotschwanz in der Regel der früheste Sänger – noch vor Einsetzen der Dämmerung.**

Oberkopf weißlich

Kopfseiten und
Kehle schwarz

Schwanz
orangerot

Unterseite
orange

Männchen

Weibchen: unterseits heller
als Hausrotschwanz →

Gartenrotschwanz

Phoenicurus phoenicurus

Länge 13–14 cm
Stimme Gesangsstrophen beginnen mit 1 hohen und 2 tie-
feren Tönen »di-dada«, gefolgt von einigen variablen,
schwatzenden Lauten.
Nahrung Frisst ganz überwiegend Insekten und Spinnen,
gelegentlich aber auch Beeren.
Vorkommen Brütet in ganz Europa in lichten Wäldern mit
Altholz, Parks, Streuobstwiesen und Gärten; überwintert in
Afrika südlich der Sahara.

> **→ TYPISCH** Gartenrotschwänze brüten in Baumhöhlen. Fehlen
diese, nehmen sie ersatzweise Nistkästen an. Bei der Nahrungssuche halten sie von einer Sitzwarte Ausschau nach Kleintieren, die
sie meist durch einen Flug zum Boden, gelegentlich aber auch durch
»Schnäppern« in der Luft erbeuten. Da Haus- und Gartenrotschwanz
sehr nah verwandt sind, kommt es gelegentlich zu Mischbruten.

Auge dunkel

Oberseite ein-
farbig braun

Kehle und Brust
orangerot, blaugrau
umrandet

Der Schwanz wird häufig
aufgerichtet →

Rotkehlchen

Erithacus rubecula

Länge 13–14 cm
Stimme In der Tonhöhe abfallender, perlender Gesang,
auch im Winter. Feine »tick«-Rufe, oft in schnellen Reihen.
Nahrung Insekten, Spinnen, Asseln, kleine Würmer und
Schnecken, an Futterstellen Weichfutter wie Haferflocken.
Vorkommen In ganz Europa häufiger Brutvogel in Busch-
und Baumbeständen aller Art, besonders in Wäldern, Parks
und Gärten. Meist Jahresvogel, im Norden Zugvogel.

→ TYPISCH Rotkehlchen halten sich zur Nahrungssuche meist
am Boden auf. Zum Brüten bleiben sie ebenfalls am Boden, denn
ihre Nester bauen sie entweder unter Wurzeln, unter Grasbüscheln, an Kletterpflanzen oder in anderen bodennahen Höhlungen. Das Bebrüten des Geleges obliegt allein dem Weibchen, beim
Füttern der Jungvögel wird es aber vom Männchen unterstützt.

heller Überaugenstreif

Oberseite
braun

blaue Kehle mit
weißem »Stern«

orangebraunes
Brustband

Männchen

Weibchen: nur wenig oder gar →
kein Blau an der Kehle

Blaukehlchen

Luscinia svecica

Länge 13–15 cm
Stimme Schneller werdender Gesang aus flötenden Tönen,
durchsetzt mit Imitationen anderer Vogelstimmen. Singt oft
von Buschspitzen aus oder im Flug.
Nahrung Frisst v. a. Insekten, im Herbst auch Beeren.
Vorkommen Brütet in Feuchtgebieten mit Gebüschen, aber
auch schilfbestandenen Gräben in der offenen Landschaft
sowie in Raps- und Getreidefeldern.

→ TYPISCH **Blaukehlchen leben recht heimlich, präsentieren
sich aber beim Singen. In Mittel- und Osteuropa haben die Männchen einen weißen »Stern« auf der blauen Kehle. Sie überwintern
im Mittelmeerraum und in Nordafrika. Männchen aus der Tundra
Skandinaviens und den Alpen haben dagegen einen roten »Stern«.
Sie sind Langstreckenzieher und überwintern in Afrika südlich der
Sahara, in Arabien oder in Indien.**

Kopf schwarz

weißer Halsfleck

Unterseite orange

Männchen

Weibchen viel blasser, →
ohne Überaugenstreif

Schwarzkehlchen

Saxicola rubicola

Länge 12–13 cm
Stimme Kurzer Gesang aus pfeifenden und gequetschten
Tönen. Häufig Warnrufe aus kurzem Pfiff und nachfolgen-
den rauen Tönen »hüt trrack-trrack«.
Nahrung Ernährt sich von verschiedenen Insekten und
Spinnen.
Vorkommen Lebt in offenem, vorzugsweise trockenem
Gelände mit Gebüschen, aber auch in Mooren und auf
Waldlichtungen. Ganzjährig in West- und Südeuropa, in
Mittel- und Osteuropa Zugvogel.

→ TYPISCH Schwarzkehlchen machen oft durch ihre Warnrufe
auf sich aufmerksam. Meist sieht man sie auf Zaunpfählen oder
Büschen sitzen, wo sie nach Beutetieren Ausschau halten. In Mitteleuropa brüten sie von März bis Oktober zwei- bis dreimal. Den
Winter verbringen Schwarzkehlchen im Mittelmeerraum.

weißer Überaugenstreif

Kopfseiten
schwärzlich

Kehle und
Brust hell-
orange

Männchen

Weibchen viel blasser, mit →
Überaugenstreif

Braunkehlchen

Saxicola rubetra

Länge 12–14 cm
Stimme Kurze Gesangsstrophen aus flötenden und kratzig
klingenden Tönen. Schnalzende Warnrufe.
Nahrung Frisst Insekten, Spinnen, Schnecken und andere
kleine Bodentiere, im Herbst gelegentlich auch Beeren.
Vorkommen Bewohnt feuchte Wiesen und Weiden, auf dem
Zug auch in anderen offenen Lebensräumen. Brütet in fast
ganz Europa und überwintert südlich der Sahara in Afrika.

→ **TYPISCH** Zum Ansitz bei der Nahrungssuche benötigt das
Braunkehlchen Sitzwarten wie Zaunpfähle, hohe Stauden oder
Büsche. Durch die fortschreitende Intensivierung der Grünland-
nutzung findet die Art immer weniger geeignete Lebensräume
vor, sie ist deshalb sehr selten geworden und vielerorts als Brutvogel verschwunden. In Mitteleuropa sind oft nur noch in Skandinavien brütende Durchzügler zu sehen.

① Nachtigall

Luscinia megarhynchos

15–17 cm • Oberseite und Schwanz rötlich braun, Brust höchstens schwach getönt • Lauter Gesang aus wuchtigen und melodischen Abschnitten, meist mit einer »Crescendo-Strophe« aus Flötentönen, v. a. nachts • Lebt versteckt in Gehölzen mit dichtem Unterwuchs, auch in Siedlungen; Zugvogel.

② Steinschmätzer

Oenanthe oenanthe

14–17 cm • Männchen oben grau, unten weiß mit hellbrauner Brust, Flügel und Kopfmaske schwarz; Weibchen bräunlicher; im Flug weißer Schwanz mit schwarzem T-Muster • Leiser Zwitschergesang mit knirschenden Tönen • Brütet in offenem, steinigem Gelände; überwintert in Afrika.

weißlicher Überaugenstreif

kurzer, aufrecht
gehaltener
Schwanz

Das auffälligste am Zaunkönig: →
der schmetternde Gesang

Zaunkönig
Troglodytes troglodytes

Länge 9–10 cm
Stimme Lauter, schmetternder Gesang, der auch im Winter zu hören ist; schnurrender Warnruf.
Nahrung Nimmt verschiedene Insekten und Spinnen auf, im Winter zusätzlich Pflanzensamen.
Vorkommen Bewohnt dichten Unterwuchs von Wäldern, Parks und Gärten. Jahresvogel in fast ganz Europa, in Skandinavien Zugvogel.

> → **TYPISCH** Der erstaunlich laute Gesang dient im Frühjahr und Sommer zum Abgrenzen des Brutreviers und im Winter zur Markierung des Nahrungsreviers. Das Männchen baut in Höhlungen von Baumstämmen oder in Mauern mehrere kugelförmige Nester, von denen sich das Weibchen eines zum Brüten aussucht. Viele Männchen haben 2, manche sogar bis zu 4 Weibchen. Die Nester werden ganzjährig auch zum Übernachten benutzt.

❶ Feldschwirl

Locustella naevia

STECKBRIEF 12–14 cm • Gefieder braun mit schwarzer Strichelung, langer, runder Schwanz • Gesang aus heuschreckenartigem, minutenlangem Schwirren • Bewohnt feuchtes Gelände mit Büschen; Sommervogel in Mittel- und Osteuropa sowie Südskandinavien; überwintert in Afrika südlich der Sahara.

❷ Schilfrohrsänger

Acrocephalus schoenobaenus

STECKBRIEF 12–13 cm • Oben warm braun mit dunkler Streifung, unten weißlich mit Bruststrichelung, cremefarbener Überaugenstreif, schwärzliche Kopfplatte • Kratzender Gesang mit Imitationen, auch im Singflug • Brütet in Schilf an Gewässern in Mittel-, Ost- und Nordeuropa; überwintert in Afrika.

heller Augenring und
unauffälliger Über-
augenstreif

Oberseite ein-
farbig warm
braun

Unterseite ein-
farbig beige

Kehle sehr hell →

Teichrohrsänger

Acrocephalus scirpaceus

Länge 12–14 cm
Stimme Gesang aus rhythmisch gereihten Kratztönen, da-
zwischen einzelne Pfeiflaute.
Nahrung Frisst in erster Linie Insekten, gelegentlich auch
kleine Schnecken.
Vorkommen Bewohnt Schilfbestände in fast ganz Europa,
auf dem Zug auch in Gebüschen. Überwintert im tropischen
Afrika.

→ TYPISCH Durch den fast pausenlosen Gesang der Männchen machen diese hervorragend an das Leben im Schilf ange-
passten Vögel auf sich aufmerksam. In großen Schilfbeständen
können viele Paare dicht beieinander brüten. Die Nester werden
kunstvoll zwischen Schilfhalmen befestigt, sind aber von oben gut
zugänglich. Daher werden sie häufig von Kuckucken zur Ablage
ihrer Eier benutzt.

① Dorngrasmücke
Curruca communis

STECKBRIEF 13–15 cm • Männchen mit rostbraunen Flügeln, grauem Oberkopf, weißer Kehle und rosa Brust; Weibchen blasser und bräunlicher • Kratzender Gesang, oft im Singflug; kurze und schnarrende Rufe • Lebt in Gebüschen der offenen Landschaft; überwintert südlich der Sahara.

② Klappergrasmücke
Curruca curruca

STECKBRIEF 12–14 cm • Ähnlich Dorngrasmücke, aber Flügel und Rücken einfarbig dunkel graubraun, Geschlechter gleich • Gesang leicht abfallendes »Klappern« • Bewohnt Waldränder, Hecken in offener Landschaft, Parks und Gärten in Mittel-, Ost- und Nordeuropa; überwintert in Nordostafrika.

Oberseite
bräunlich grau

Kopf grau mit
schwarzer Kappe

Männchen

Das Weibchen unterscheidet sich vom →
Männchen nur durch braune Kappe

Mönchsgrasmücke

Sylvia atricapilla

Länge 13–15 cm
Stimme Melodischer Gesang, Strophen enden mit wenigen
klaren Flötentönen und sind kürzer als bei der Gartengras-
mücke. Ruft hart »tack«.
Nahrung Meist Insekten, aber vor dem Herbstzug v. a. Bee-
ren und Früchte.
Vorkommen Brutvogel in Baumbeständen verschiedenster
Art, von dichten Wäldern bis hin zu Gärten und Parks. In
Südeuropa ganzjährig, sonst meist Zugvogel.

→ **TYPISCH** Mönchsgrasmücken gelten als sehr anpassungs-
fähig. Sie haben in Mitteleuropa sowohl von der zunehmenden
Waldfläche als auch von der Begrünung der Vorstädte profitiert
und im Bestand zugenommen. Auch im Zugverhalten sind sie flexibel:
Inzwischen ziehen unsere Brutvögel nicht mehr nur ans Mittelmeer,
viele überwintern heute dank dortiger Futterstellen in England.

① Gartengrasmücke

Sylvia borin

STECKBRIEF 13–14 cm • Einfarbig bräunlich grau, Halsseiten etwas aufgehellt • Melodischer Gesang mit längeren Strophen als die Mönchsgrasmücke • Bewohnt buschige Bereiche in Wäldern, Parks und Gärten in ganz Europa; überwintert im tropischen Afrika • Lebt versteckt im Gebüsch, ist selten zu sehen.

② Gelbspötter

Hippolais icterina

STECKBRIEF 12–14 cm. Größer als Fitis und Zilpzalp, oben grün, unten gelb, blaugraue Beine • Schneller Gesang mit kratzenden und quäkenden Tönen, reich an Imitationen • Brütet in offenen Wäldern, Feldgehölzen und Parks in Mittel-, Ost- und Nordeuropa; überwintert im südlichen Afrika.

❸ Zilpzalp

Phylloscopus collybita

STECKBRIEF 10–12 cm • Ähnlich Fitis, aber etwas kleiner, dunkler und kurzflügeliger; Beine meist dunkelbraun bis schwarz • Singt monoton »zilp-zalp«, ruft einsilbig »hüit« • Brütet im größten Teil Europas in Wäldern und anderen Lebensräumen mit Bäumen, auch in Gärten; überwintert im Mittelmeerraum.

❹ Fitis

Phylloscopus trochilus

STECKBRIEF 11–12 cm • Oben grünlich grau, unten weißlich bis gelblich, Überaugenstreif gelb, Beine hellbraun • Melancholischer, abfallender Gesang (»Buchfink in Moll«), ruft zweisilbig »hü-iht« • Brütet in Wäldern und Baumgruppen in der Nordhälfte Europas; überwintert von West- bis Südafrika.

Oberseite leuchtend grün

Kehle gelb

Unterseite weiß

Wirkt viel gelblicher als
Zilpzalp und Fitis

Waldlaubsänger

Phylloscopus sibilatrix

Länge 11–13 cm
Stimme Zwei Gesänge: schwirrend »sip-sip-sip-sip-sirrrr«
oder weich flötend und abfallend »dü-dü-dü-dü-dü«.
Nahrung Insekten und Spinnen.
Vorkommen Brütet in weiten Teilen Europas in unterwuchs-
armen Laub- und Mischwäldern; überwintert in Regenwäl-
dern und Feuchtsavannen von der Elfenbeinküste bis in den
Kongo.

TYPISCH Waldlaubsänger nutzen ausgiebig die verschiedenen Stockwerke im Wald. Auffällig sind sie beim Singen, wenn sie
oft recht offen auf Ästen im mittleren Bereich sitzen. Kaum zu
sehen sind sie bei der Nahrungssuche, die v. a. im Bereich der
Baumkronen stattfindet. Die Nester befinden sich dagegen direkt
am Waldboden zwischen Wurzeln oder unter alten Grasbüscheln.

① Wintergoldhähnchen
Regulus regulus

STECKBRIEF 8–9 cm • Grün bis grünlich, Flügelbinden weiß, Scheitelstreif gelb (Weibchen) oder orange (Männchen) • Rufe und Gesang sehr hoch und wispernd • Ganzjährig in Nadel- und Mischwäldern; zur Zugzeit weniger stark an Nadelbäume gebunden • Kleinster europäischer Vogel.

② Sommergoldhähnchen
Regulus ignicapilla

STECKBRIEF 9–10 cm • Ähnlich Wintergoldhähnchen, aber grüne Oberseite leuchtender und Kopfzeichnung markanter, zusätzlich mit weißem Überaugenstreif • Gesang einförmiger als bei Wintergoldhähnchen • Brütet in Nadel-, Misch- und Laubwäldern Mittel- und Südeuropas; in Mitteleuropa Zugvogel.

① Trauerschnäpper
Ficedula hypoleuca

STECKBRIEF 12–14 cm • Männchen oben schwarz-weiß, unten weiß; Weibchen viel matter • Gesang beginnt mit lautem Auf und Ab »wuti-wuti«, gefolgt von leiserem Zwitschern • Brütet in Baumhöhlen und Nistkästen in Wäldern und Gärten; überwintert in den Tropen West- und Zentralafrikas.

② Grauschnäpper
Muscicapa striata

STECKBRIEF 13–15 cm • Unauffällig gefärbt: oben graubraun, unten weißlich, an der Brust leicht gestrichelt; relativ lang-schwänzig • Ruft und singt unauffällige, dünne Laute • Erbeutet Insekten in der Luft vom Ansitz aus • Brütet in Wäldern, Parks und Gärten; überwintert in Afrika südlich der Sahara.

3 **Raubwürger**

Lanius excubitor

STECKBRIEF 22–26 cm • Großer, langschwänziger Singvogel, oben grau, Flügel schwarz-weiß, schwarze Maske • Rufe ähnlich Trillerpfeife • Erbeutet mit Hakenschnabel Mäuse und kleine Singvögel • Brütet im Offenland mit großen Gebüschen in Nordeuropa (dort Zugvogel) und Mitteleuropa (ganzjährig).

4 **Neuntöter**

Lanius collurio

STECKBRIEF 16–18 cm • Männchen: Rücken braun, Kopf grau mit schwarzer Maske, Unterseite blassrosa; Weibchen; viel blasser, unterseits gebändert • Ruft heiser »dschääh« oder scharf »teck« • Brütet in Hecken und Gebüschen der offenen Landschaft; überwintert von Zentral- bis Südafrika.

❶ Gartenbaumläufer
Certhia brachydactyla

STECKBRIEF 12–14 cm • Oben braun, unten schmutzig weiß, Schnabel etwas länger als bei Waldbaumläufer • Rhythmischer Gesang aus aufsteigender Reihe von Pfeiftönen, häufige scharfe, weit hörbare »tüt«-Rufe • Ganzjährig in Wäldern und Parks • Klettert an Baumstämmen und dicken Ästen.

❷ Waldbaumläufer
Certhia familiaris

STECKBRIEF 12–14 cm • Sehr ähnlich Gartenbaumläufer, aber unten rein weiß und breiterer weißer Überaugenstreif • Gesang aus feinen Trillern, erinnert an die Blaumeise; Rufe fein, hoch und rau »srrie«, ähnlich Goldhähnchen • Jahresvogel in Nadel- und Mischwäldern • Klettert an Bäumen.

kurzer Schwanz

Oberseite blaugrau

schwarzer Augenstreif

Unterseite orange

Nur der Kleiber klettert mit dem Kopf nach unten am Baumstamm →

Kleiber

Sitta europaea

Länge 12–15 cm
Stimme Ruft viel und laut, sehr unterschiedliche Rufe, meist in Serien. Gesang aus besonders langen Rufreihen.
Nahrung Zur Brutzeit Spinnen und Insekten, sonst vorwiegend Pflanzensamen (besonders Haselnüsse, Bucheckern und Nadelbaumzapfen).
Vorkommen Jahresvogel in Laub- und Mischwäldern sowie in Parks in fast ganz Europa.

→ TYPISCH Als einzige Vögel klettern Kleiber mit dem Kopf voran an Baumstämmen herab. Sie brüten in Baumhöhlen, zu kleine Einfluglöcher werden aufgehämmert, zu große mit Lehm zu passender Größe verklebt – daher der Name »Kleiber«. Bereits im Sommer verstecken Kleiber überzählige Nahrung als Wintervorrat: Insekten und Samen werden in Spalten an Ästen eingeklemmt und mit Rinde oder Moos bedeckt, teils auch im Boden vergraben.

① Mehlschwalbe

Delichon urbicum

13–15 cm • Oben schwarz mit weißem Bürzel, unten weiß; Schwanz leicht gegabelt • Ruft rau »tschrrip« • Jagt meist höher im Luftraum als die Rauchschwalbe • Brütet an Häusern in Städten und Dörfern, oft in Kolonien; brütet in ganz Europa, im Winter in Afrika südlich der Sahara.

② Uferschwalbe

Riparia riparia

12–13 cm • Oberseite braun, Unterseite weiß mit braunem Brustband; Schwanz leicht gegabelt • Rufe schnurrend • Gräbt Brutröhren in sandige Steilufer an Flüssen, Kiesgruben und Meeresküsten; bildet große Brutkolonien • Brütet in ganz Europa; überwintert in Afrika.

tief gegabelter Schwanz, lange Schwanzspieße

Oberseite bläulich schillernd

Kehle und Stirn rostrot

Rauchschwalben sitzen gern auf Leitungen und Drähten →

Rauchschwalbe

Hirundo rustica

Länge 17–21 cm
Stimme Plaudernder Zwitschergesang. Ruft im Flug »wit«, auch wiederholt.
Nahrung Fliegende Insekten, besonders Fliegen, Mücken, Hautflügler und Wanzen.
Vorkommen Belebt im Sommerhalbjahr Siedlungen und offenes Gelände, bei Regen oft an Gewässern konzentriert. Brütet in Gebäuden und unter niedrigen Brücken; überwinterung in Afrika bis zur Südspitze des Kontinents.

> **TYPISCH** Rauchschwalben brüten ursprünglich in Felshöhlen, deshalb sind sie bei uns v. a. innerhalb von Gebäuden (meist Ställen) zu finden. Ihr Nest bauen sie dort in Winkeln und Nischen aus Lehm und Halmen, verklebt mit dem eigenen Speichel. Nach der Brutzeit sammeln sie sich zu großen Schwärmen in und um Dörfer, bevor sie in ihr afrikanisches Winterquartier aufbrechen.

Körpergefieder gelb

Schnabel groß, rötlich

Flügel schwarz

Männchen

Weibchen und junge Männchen: →
grün befiedert

Pirol
Oriolus oriolus

Länge 22–25 cm
Stimme Kräftiger, melodischer Gesang aus 3–5 klaren Flötentönen. Heisere, leicht ansteigende Rufe »wäääk«.
Nahrung Insekten und besonders deren Raupen, ab dem Sommer viele Früchte und Beeren.
Vorkommen Brütet in Süd-, Mittel- und Osteuropa in hochstämmigen, oft feuchten Laubwäldern, oft nahe Gewässern, gelegentlich in Parks; überwintert in der Südhälfte Afrikas.

→ TYPISCH Pirole leben überwiegend versteckt und gut getarnt in Baumkronen und machen sich meist nur durch Gesang oder Rufe bemerkbar. Auch das Brutgeschäft spielt sich hoch in Bäumen ab. Nach fünfwöchiger Jungenaufzucht löst sich der Familienverband auf, Alt- und Jungvögel ziehen dann einzeln ins tropische Afrika. Der Name geht auf den Gesang zurück, eine andere lautmalerische Umschreibung ist »Vogel Bülow«.

Schnabel schwarz, kräftig

Körpergefieder
bräunlich rosa

schwarzer
Bartstreif

blau-schwarz gemusterte →
Flügeldecken

Eichelhäher

Garrulus glandarius

Länge 32–35 cm
Stimme Viele verschiedene Rufe, am häufigsten ein lautes
Rätschen. Häufig auch bussardähnlich »hijäh«.
Nahrung Samen und Früchte (besonders Eicheln, Hasel-
nüsse, Bucheckern), aber auch Insekten und gelegentlich
Kleinsäuger und Reptilien.
Vorkommen In ganz Europa Jahresvogel in Wäldern, Parks
und größeren Gärten. Besonders im Winter auch im Sied-
lungsbereich, dort gern an Futterstellen.

→ TYPISCH Als Vorrat für den nahrungsärmeren Winter werden Eicheln und andere Baumfrüchte versteckt. Eichelhäher fliegen zum Teil einige Kilometer, um mehrere Eicheln in ihrem Kropf
zu sammeln. Zurück im Revier graben sie mit Schnabelhieben für
jede Eichel ein Loch in den Erdboden und verscharren sie darin.
Aus nicht wiedergefundenen Eicheln wachsen neue Eichen heran.

schwarzes Gefieder mit
metallischem Glanz

sehr langer
Schwanz

Schnabel
schwarz, kräftig

Im Flug weißlicher Handflügel $\rightarrow$
und weißer Bauch

Elster

Pica pica

Länge 40–51 cm
Stimme Lautes Schackern, oft mehrsilbig.
Nahrung Sehr vielseitig: im Sommer v. a. Insekten, Regen-
würmer und andere bodenbewohnende Wirbellose, im Win-
ter zumeist Pflanzensamen, Beeren und Früchte, je nach
Angebot auch Aas, Abfälle, Vogeleier und Mäuse.
Vorkommen In ganz Europa Jahresvogel in der offenen
Landschaft mit Gehölzen und Hecken, v. a. aber im Sied-
lungsbereich und in Parkanlagen.

> TYPISCH Durch die Ausräumung der Landschaft sind Elstern
in den letzten Jahrzehnten in Städte und Dörfer eingewandert. Ihre
Kugelnester sind dort in Laubbäumen gut erkennbar, in Nadelbäumen dagegen besser versteckt. Obwohl Elstern manchmal Jungvögel
und Eier anderer Vogelarten rauben, hat dies nachweislich keinen
negativen Einfluss auf die Bestände der betroffenen Vögel.

Kopf grau

Gefieder gräulich schwarz

Der Gesichtsausdruck wird von der hellen Iris geprägt →

Dohle

Coloeus monedula

Länge 30–34 cm
Stimme Ruft auffällig und bellend »kjack«.
Nahrung Allesfresser, im Sommer eher Insekten, Würmer und Schnecken, im Winter vermehrt Pflanzensamen, Keimlinge und Beeren, stets auch Abfälle.
Vorkommen Brütet in Städten, Dörfern und Wäldern, Nahrungssuche in der offenen Landschaft. Meist Jahresvogel, im Winter gelangen osteuropäische Brutvögel nach Mitteleuropa.

→ **TYPISCH** Dohlen nisten von Natur aus in Felswänden und in Baumhöhlen. In Altholzbeständen nutzen sie oft verlassene Schwarzspecht-Höhlen, in Siedlungen brüten sie in Höhlungen und Nischen aller Art an Gebäuden, auch in Schornsteinen. Die geselligen Vögel bilden oft Brutkolonien, auf Nahrungssuche gehen sie fast immer im Trupp. Im Winter bilden sie mit Saatkrähen große Schwärme.

❶ Saatkrähe
Corvus frugilegus

STECKBRIEF 41–49 cm • Schwarz, am Schnabelansatz weißliche, nackte Hautstelle • Rufe heiserer und tonloser als bei der Rabenkrähe • Ganzjährig in Mittel- und Westeuropa; Vögel aus Osteuropa überwintern in Mitteleuropa • Brütet in dichten Kolonien hoch in großen Bäumen, oft mitten in Orten.

❷ Kolkrabe
Corvus corax

STECKBRIEF 54–67 cm • Schwarz, größer und dickschnäbeliger als Krähen, keilförmiger Schwanz • Ruft tief und rollend »krrock« • Jahresvogel in weiten Teilen Europas, besonders im Bergland und in waldreichen Gebieten; brütet in Felswänden, auf Bäumen und Strommasten • Frisst Kleintiere und Aas.

3 # Rabenkrähe

Corvus corone

STECKBRIEF 44–51 cm • Gefieder schwarz, Schnabel schwarz mit gebogenem First • Krächzende Rufe, werden meist drei- bis viermal wiederholt • Typisch und allgegenwärtig in der offenen Landschaft, auch in der Stadt • Brütet auf Bäumen und Strommasten • Jahresvogel von Mittel- bis Südwesteuropa.

4 # Nebelkrähe

Corvus cornix

STECKBRIEF 44–51 cm • Wie Rabenkrähe, aber Bauch und Rücken hellgrau • Ganzjährig im Norden und Osten Europas • In einem schmalen Bereich, etwa entlang der Elbe, überschneiden sich Raben- und Nebelkrähe, dort Mischbruten, die Nachkommen haben ein weniger graues Gefieder.

121

Register

Bildnachweis

Fotos von: **Adam** (1): 10r; **Bellmann** über Hecker (1): 13g; **Brenner** (1): 56r; **Buchhorn** über Hecker (2): 12r, 112l; **Hecker** (28): 3, 9l, 13k, 14r, 15g+k, 16k, 18g, 29r, 34r, 37r, 42r, 50r, 59r, 65k, 72g, 76g+k, 77r, 85g, 93r, 94g+k, 97k, 103k, 105g, 106l, 110l; **Khil** (3): 10l, 36l, 38g; **Muukonen** (1): 49l; **Nill** (1): 51r; **Schmidt** (1): 64r; **Schmidt** über Hecker (2): 47k, 54r; **Shutterstock** (1): 116g; **Varesvuo** (1): 106l; **Zeininger** (1): 56l. Alle weiteren Fotos von **Mathias Schäf**.
g = großes Hauptmotiv, k = Motiv im Kreis, r = rechts, l = links

Illustrationen: **Paschalis Dougalis** (22): S. 6, 26, 40, 46, 58, 66/67, 128; **Wolfgang Lang** (10): Umschlagklappe hinten innen links (Vogelsilhouetten); **shutterstock** (2): Umschlagklappe vorne innen links und oben rechts; **Walter Söllner** (7): Umschlagklappe hinten innen rechts (Eier) und **Stefanie Wawer** (11): Umschlagklappe vorne innen unten rechts, S. 2/3, 4/5.

Impressum

Umschlaggestaltung: GRAMISCI Editorial Design (Claudia Geffert), München, unter Verwendung eines Farbfotos von Ossi Saarinen. Das Bild zeigt ein Wintergoldhähnchen.

Die Illustrationen und Fotos auf der Umschlagklappe vorne stammen aus dem Innenteil.

Mit 219 Farbfotos und 52 Illustrationen.

Unser gesamtes lieferbares Programm finden Sie unter **kosmos.de**. Über Neuigkeiten informieren Sie regelmäßig unsere Newsletter, einfach anmelden unter **kosmos.de/newsletter**

* Quelle: Media Control MC Metis, DACH, FY 2024, WG 42-Natur, Umsatz

Gedruckt auf chlorfrei gebleichtem Papier

© 2022, Franckh-Kosmos Verlags-GmbH & Co. KG,
Pfizerstraße 5–7, 70184 Stuttgart
kosmos.de/servicecenter
Alle Rechte vorbehalten
Wir behalten uns auch die Nutzung von uns veröffentlichter Werke für Text und Data Mining im Sinne von §44b UrhG ausdrücklich vor.
ISBN 978-3-440-17393-0
Projektleitung: Claudia Salata
Redaktion und Satz: Barbara Kiesewetter, Redaktionsbüro, München
Produktion: Markus Schärtlein
Gestaltungskonzept: GRAMISCI Editorial Design (Claudia Geffert), München
Druck und Bindung: Friedrich Pustet GmbH & Co. KG, Regensburg
Printed in Germany / Imprimé en Allemagne

DAS KOSMOS VERSPRECHEN

Mehr entdecken, mehr verstehen

Expertenwissen seit 1822

Welches Thema dich auch begeistert – auf unsere Expertise kannst du dich verlassen. Und das schon seit über 200 Jahren.

Unser Anspruch ist es, dich mit wertvollem Rat zu begleiten, dich zu inspirieren und deinen Horizont zu erweitern.

BEGEISTERUNG DURCH KOMPETENZ

Unsere Autorinnen und Autoren vereinen professionelles Know-how mit großer Leidenschaft für ihre Themen.

WISSEN, DAS DICH WEITERBRINGT

Leicht verständlich, lebensnah und informativ für dich auf den Punkt gebracht.

SACHVERSTAND, DEN MAN SEHEN KANN

Mit aussagestarken Fotos, Zeichnungen und Grafiken werden Inhalte besonders anschaulich aufbereitet.

QUALITÄT FÜR HEUTE UND MORGEN

Dafür sorgen langlebige Verarbeitung und ressourcenschonende Produktion.

Du hast noch Fragen oder Anregungen?
Dann schreibe uns: kosmos.de/servicecenter